Sitzungsberichte
der Akademie der Wissenschaften
der DDR
Mathematik – Naturwissenschaften – Technik

11N
1977

Wolfgang Bobeth

Beiträge zur Faserstoff-Technologie

AKADEMIE-VERLAG · BERLIN

Sitzungsberichte
der Akademie der Wissenschaften
der DDR
Mathematik — Naturwissenschaften — Technik Jahrgang 1977 · Nr. 11/N

Wolfgang Bobeth

Beiträge zur Faserstoff-Technologie

AKADEMIE-VERLAG · BERLIN
1977

Vorträge von Wolfgang Bobeth,
Ordentliches Mitglied der Akademie der Wissenschaften der DDR
gehalten in der gemeinsamen Sitzung
der Klassen Chemie und Werkstofforschung am
20. Januar 1977 und in der Sitzung der Klasse
Werkstofforschung am 9. Dezember 1976

Herausgegeben im Auftrage
des Präsidenten der Akademie
der Wissenschaften der DDR
von Vizepräsident Prof. Dr. Heinrich Scheel

Erschienen im Akademie-Verlag, 108 Berlin, Leipziger Str. 3—4

Lizenznummer: 202/258/77
Gesamtherstellung: VEB Druckhaus Köthen
Bestellnummer: 762 544 6 (2010/77/11/N) · LSV 3015
Printed in GDR
DDR 8.— M

1. Beitrag

Neuere Forschungsergebnisse aus dem Institut für Technologie der Fasern

I.

Überblickt man nach bald 30jähriger Forschungstätigkeit des Institutes für Technologie der Fasern (ITF) in Dresden dessen Tätigkeitsfeld, so ist grundsätzlich festzustellen, daß in Anlehnung an kürzliche Ausführungen von H. Klare [1] anfangs vorwiegend „anwendungsorientierte Grundlagenforschung" betrieben wurde, und es schon relativ zeitig zu stabilen Kooperationsbeziehungen zur Industrie kam. Bei einem technisch/technologisch orientierten Institut konnte das nicht anders sein und führte auch sehr bald zu konkreten volkswirtschaftlichen Zielstellungen. Daß das Institut konsequent die Glasfaser- und später die *Glasseidenforschung* betrieb und auch heute noch betreibt, ist letztendlich auf eine Anregung von Minister Fritz Selbmann bereits Ende der 40er Jahre zurückzuführen und hat in unserer Volkswirtschaft beträchtliche Auswirkungen gehabt, u. a. indem es zur Errichtung eines modernen Betriebes zur Herstellung von Glasseide und Folgeproduktionen kam.

Auch die nahezu 15 Jahre intensiv betriebene *Bastfaserforschung* entstammte einer konkreten Zielstellung, nämlich den in den 50er Jahren empfindlichen Faserstoffmangel dadurch mit abzubauen, daß die Gewinnung insbesondere von Flachsfasern in qualitativer und quantitativer Hinsicht zu verbessern war. Durch Mitwirkung bei der Sortenzüchtung, Entwicklung eines aeroben Röstverfahrens, das sehr schnell in der DDR und anderen sozialistischen Ländern eingeführt wurde, und durch Verbesserung der sich anschließenden Aufbereitungsverfahren konnte die Zielstellung erreicht werden. Hinzu kam die Flachsabfallverwertung, die insbesondere die Stengelholzteile („Schäben") betraf und zur Herstellung von Dämmplatten für die Möbelindustrie führte. Daß zur gleichen Zeit noch beträchtliche *textiltechnologische Forschungsarbeiten* hinsichtlich rein technischer Probleme der Garnherstellung, Weberei und Veredlung sowie der Meß- und Prüftechnik insbesondere durch unser verstorbenes Mitglied Walter Frenzel betrieben wurden, darf dabei nicht übersehen werden.

In den 60er Jahren erforderte es die volkswirtschaftliche Entwicklung, dem Chemisierungstrend stärker zu folgen und die Bearbeitung der Gebiete der Naturfaserstoffe und der klassischen Textiltechnologie weitgehend einzustellen. Mit der

Umprofilierung traten immer mehr Forschungsarbeiten auf dem Gebiet der physikalischen und chemischen Verarbeitungs- und Verfahrenstechnik von Chemiewerkstoffen, insbesondere organischer Sythesefaserstoffe und silikatischer Faserstoffe, in den Vordergrund. Damit wird im Sinne der drei Funktionen der Grundlagenforschung nach H. KLARE [1] mit verstärktem „wissenschaftlichem Verlauf" der zweiten Kategorie intensiver entsprochen. Dazu trug bei, daß einerseits eine große Bearbeiterkapazität auf die Nutzung der „Bestrahlungstechnik", andererseits Bearbeiterkapazität für gezielte Arbeiten über synthetische Faserstoffe und zum Oberflächenverhalten der Faserstoffe angesetzt wurden. Sie waren verbunden mit notwendigen Arbeiten zur Eigenschaftscharakterisierung von Faserstoffen und Textilien. Damit war es auch richtig, das Institut in den 60er Jahren den chemischen Instituten zuzuordnen. Mit dem derzeitigen Kaderzusammensetzungsverhältnis von etwa 1 : 1 an technischen und naturwissenschaftlichen Hochschulkadern bleibt der Charakter des Institutes insgesamt zwar „technologisch", d. h. wir arbeiten betont prozeßgestalterisch und prozeßanalytisch und berücksichtigen auch die Meßtechnik. Wesentlich intensiver als in früheren Jahren werden somit die Probleme der Stoffwandlung wissenschaftlich durchdrungen. Das ITF hat sich damit in seinem Tätigkeitsfeld von einem technisch/technologischen zu einem chemisch/technologischen Institut umprofiliert.

Auf den ersten Blick scheinen die derzeit wichtigsten Arbeitskomplexe des ITF, nämlich

- Glasseidentechnologie und -Applikation
- Formgebung, insbesondere Fadenherstellung, und Modifizierung synthetischer organischer Polymerer einschließlich verfahrenstechnischer und maschineller Probleme
- Nutzung energiereicher Strahlen zur Stoffwandlung, Werkstoffoptimierung und Verfahrensentwicklung,

wenig innere Beziehungen miteinander zu besitzen. Es hat sich aber gezeigt, daß insbesondere hinsichtlich der Applikationsforschung sich interessante und zugleich nützliche Wechselbeziehungen ergeben, wie sie wohl kaum in einem anderen Institut in dieser Konstellation zu finden sind und noch wesentlich breiter genützt werden müssen.

Es soll hier nicht meine Aufgabe sein, die bereits bestehenden und die noch möglichen Wechselbeziehungen zu erläutern. In meinen weiteren Darlegungen wird sichtbar, wie es in zunehmendem Maße zur gegenseitigen Durchdringung der genannten Arbeitskomplexe kommt, wie aber auch über die Institutsgrenzen hinaus die Zusammenarbeit mit weiteren Spezialistengruppen sich als notwendig erweist.

Da in mehreren Klassensitzungen bereits auf die Probleme der Glasfaserstoffe eingegangen wurde, nicht zuletzt auch auf Probleme der Kombination von Glasfäden mit Haftmitteln und Plasten, möchte ich heute auf einige Forschungsergebnisse aus dem Gebiet der synthetischen Faserstoffe sowie der Nutzung energiereicher Strahlen, auch im Hinblick auf neue Möglichkeiten der Hilfsmittelerzeugung, näher eingehen.

II.

Textilien aus synthetischen Faserstoffen weisen neben zahlreichen sehr positiven Eigenschaften, im Vergleich zu solchen aus Naturfaserstoffen, drei auch dem Laien vertraute Qualitätsmängel auf:

- die stärkere Schmutzaufnahme sowie geringere Schmutzauswaschbarkeit,
- die Neigung zur elektrostatischen Aufladung,
- die nicht immer befriedigenden bekleidungsphysiologischen Eigenschaften, die nicht zuletzt auf der nahezu fehlenden Feuchtaufnahme beruhen sollen.

Es lag nahe, gemäß den Forderungen des VIII. und IX. Parteitages der SED nach der Herstellung hochwertiger Konsumgüter, sich intensiv mit den genannten drei Problemen zu befassen. Ich gehe hierauf näher ein.

Anschmutz- und Waschverhalten

Es gelang einem unserer Forschungskollektive zu beweisen, daß die starke Anschmutzungsneigung weder durch die elektrostatische Aufladbarkeit, noch durch die Oberflächenrauhigkeit der synthetischen Faserstoffe, sondern durch die Größe der zwischenpartikularen Wechselwirkungskräfte zwischen der Faseroberfläche und den Schmutzpartikeln verursacht wird.

Zur Erforschung dieser Zusammenhänge wurden von Dr. H.-J. Jacobasch und Mitarbeitern — teilweise in enger Zusammenarbeit mit anderen Instituten, insbesondere des FBC, — die Mössbauerspektrometrie, elektrokinetische Messungen, Bestimmung der freien Oberflächenenergie, Wasserdampf und Tensidadsorptionsmessungen im Bereich der Monoschichtbildung sowie UV-spektroskopische und DK-Messungen verwendet. Mit Hilfe dieser mehr oder weniger geeigneten Meßmethoden gelang der Nachweis, daß die Haftung der Schmutzpartikel am Faserstoff hauptsächlich über Dispersions- und polare Wechselwirkungen verursacht wird.

Wertvolle Hinweise über das Haftverhalten von Faserstoffen erhielten wir z. B. mit der seit langem aus der Kolloidchemie bekannten Methode der *Zeta-Potential-Messung.* [2] Während in der Kolloidchemie die elektrokinetischen Messungen zur Charakterisierung der in dispersen wäßrigen Systemen auftretenden elektrostatischen Wechselwirkungskräfte verwendet werden, haben wir diese Methode zur Erfassung der von Faserstoffen im lufttrockenen Zustand ausgehenden Dispersions- und Dipolkräfte gegenüber kontaktierenden Substanzen angewendet. Ausgehend von der Sternschen Theorie über den Aufbau der elektrochemischen Doppelschicht konnte gezeigt werden, daß das Haftverhalten lufttrockener Faserstoffe linear vom maximalen Zeta-Potential der Faserstoffe in KCl-Lösungen abhängt. Dies gilt sowohl für die Haftung trockenen Pigmentschmutzes an Polyacrylnitril- und Polyamidfaserstoffen (Abb. 1) als auch für die spezifische Haftkraft zwischen Glasseiden und ungesättigten Polyesterharzen (Abb. 2).

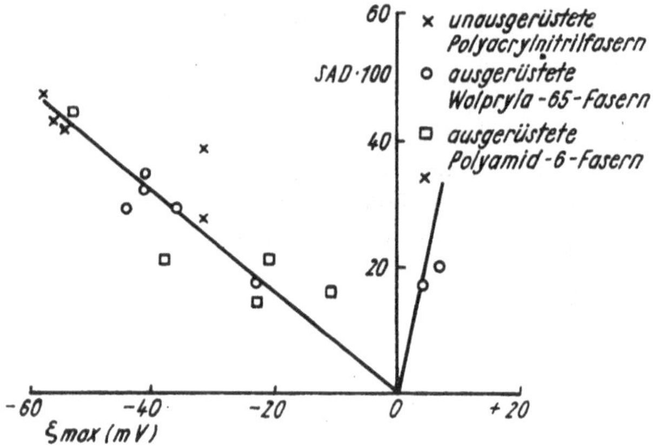

Abb. 1 Zusammenhang zwischen der Trockenschmutzaufnahme von Faserstoffen und deren maximalem Zeta-Potential in KCL-Lösungen

$$\text{SAD} = \log \frac{\text{Reflexionsgrad der angeschmutzten Probe}}{\text{Reflexionsgrad der unangeschmutzten Probe}}$$

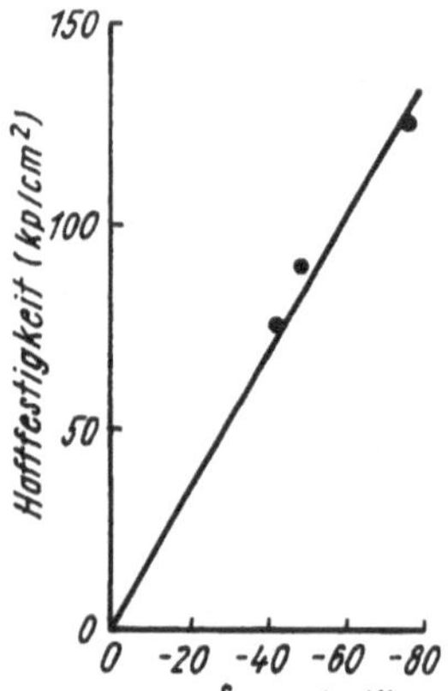

Abb. 2 Beziehung zwischen dem maximalen Zeta-Potential in KCL-Lösungen von Glasseiden und deren Haftfestigkeit an ungesättigtem Polyesterharz

Wir haben daraufhin eingehende Untersuchungen über den Aufbau der elektrochemischen Doppelschicht an Faserstoffen und insbesondere zum Einfluß der Adsorption von Wasser und kationaktiven Tensiden auf das elektrokinetische Potential durchgeführt.

Als Ergebnis dieser Untersuchungen läßt sich ableiten, daß an Faserstoffen, die in feuchter Atmosphäre zur Quellung neigen, bedingt durch die Dissoziation des adsorbierten Wassers, eine elektrochemische Doppelschicht in der Oberflächenregion des Faserstoffs aufgebaut ist. Auf Grund ihres Dipolcharakters beeinflußt diese Doppelschicht die Haftung. An Faserstoffen, die in feuchter Atmosphäre nicht quellen, wird die Haftung durch polare Molekülgruppen in der Oberflächenschicht selbst beeinflußt.

Der Einfluß von Dispersionskräften im Vergleich mit polaren Kräften auf die Adhäsion läßt sich sehr einfach aus Haftuntersuchungen an porösen Polymeren gewinnen. Danach muß die spezifische Haftkraft eine lineare Funktion der scheinbaren Dichte des porösen Körpers sein. Wir haben die Gültigkeit dieser Überlegung durch Messungen der Pigmentaufnahme poröser Polyakrylnitril-Fasern (PAN) überprüft und festgestellt, daß tatsächlich ein linearer Zusammenhang zwischen Dichte und Haftung existiert. Die verwendeten PAN-Porösfasern wurden im Rahmen von Dissertationen einiger Forschungsstudenten nach dem Austauschverfahren bis zur Gestaltung einer kontinuierlich arbeitenden kleintechnischen Versuchsanlage entwickelt [3]. Derzeit scheinen derartige Fasern auf dem internationalen Chemiefaserstoffmarkt im Kommen zu sein. Aus dem Ordinatenabschnitt bei $\varrho = 0$ (Abb. 3) läßt sich der Anteil der polaren Kräfte abschätzen, da hier die

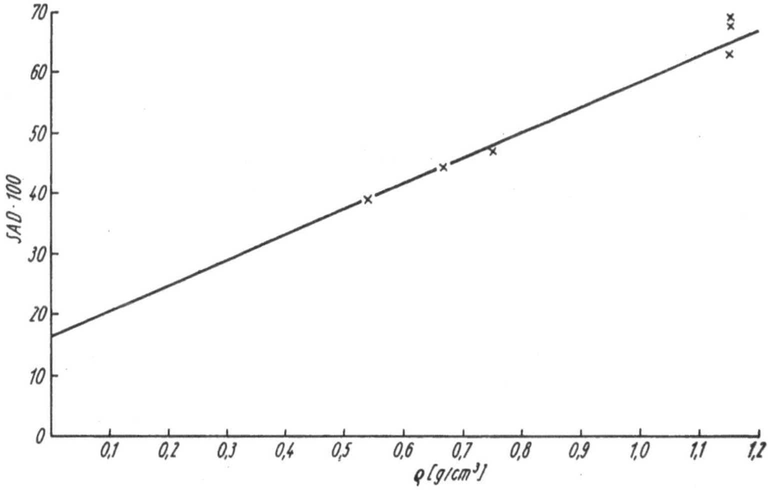

Abb. 3 Beziehung zwischen Pigmentaufnahme und scheinbarer Dichte von Polyacrylnitrilfasern (unterschiedlicher Porositätsgrad)

Dispersionswechselwirkung gleich Null ist, bei der Haftung des unporösen Faserstoffs wirkt die Summe aus Dispersions- und polaren Kräften.

Die Größe der Dispersionswechselwirkung hängt also neben der chemischen Konstitution und der Struktur der Faserstoffe auch von der scheinbaren Dichte ab. Die polaren Wechselwirkungskräfte werden durch Konstitution, Struktur, Quellverhalten und durch die Gegenwart von Tensiden auf der Faseroberfläche beeinflußt.

Aus den Untersuchungsergebnissen zum Haftverhalten von Faserstoffen lassen sich auch neue Erkenntnisse zum Mechanismus des Waschprozesses ableiten. Es konnte nachgewiesen werden, daß die Schmutzauswaschbarkeit von der freien Adsorptionsenthalpie von Wasser und Tensiden am Faserstoff abhängt.

Technologische Nutzungen der hier kurz angedeuteten Erkenntnisse, die insbesondere in einer B-Promotion von H.-J. JACOBASCH [4] niedergelegt sind, können sich z. B. beziehen auf

- die Herstellung und Nutzung mikroporöser Faserstoffe, da diese eine verminderte Dispersionswechselwirkung aufweisen und damit geringer anschmutzen,
- die Ablösung des stark polaren Fasermantels von Polyesterfaserstoffen durch eine Alkalibehandlung, was neben Anschmutzungsminderung zugleich auch die berüchtigte Rückvergrauung von Polyestertextilien beim Waschprozeß vermeidet,
- die Applikation geringer Mengen kationaktiver Tenside, die zu einem Zeta-Potential von Null führen mit dem Ergebnis, daß ein Minimum an Schmutzaufnahme zu verzeichnen ist,
- die Hydrophilierung der Faseroberfläche,
- die Anwendung gut adsorbierbarer Tenside als Waschmittel.

Die Wirksamkeit dieser Nutzungsmöglichkeiten wurde durch Praxisversuche bestätigt. An der Überführung in die Industrie wird teilweise gearbeitet. Weiterhin läßt sich über elektrokinetische und Tensidadsorptionsmessungen der Einfluß von Tensiden auf das Gleit- und Reibverhalten von Faserstoffen beschreiben, was für Herstellung und Verarbeitung von Faserstoffen von großer Bedeutung ist. Auch das Problem der Naßfestigkeit von Glasfaserstofferzeugnissen kann auf diese Weise interpretiert werden.

Elektrostatische Aufladung

Die an textilen Flächengebilden aus synthetischen Faserstoffen den Gebrauchswert vermindernden elektrostatischen Aufladungen entstehen dann, wenn zwei aufeinanderliegende Schichten elektrisch wenig leitfähiger Materialien unterschiedlicher Position in der elektrostatischen Spannungsreihe (Abb. 4) voneinander getrennt werden („Ladungstrennung"). Solche Trennungsvorgänge spielen sich sowohl beim unmittelbaren Ablösen als auch beim Reiben von zwei Schichten aufeinander ab. Die so entstandenen Ladungen kommen dann nicht zur Wirkung, wenn sie genügend schnell in benachbarte Bereiche des gleichen Materials oder zu einem anderen Körper hin abfließen können.

Positives Ende

1. Glas	9. Stahl
2. Polyamid	10. Hartgummi
3. Wolle	11. Azetatseide
4. Naturseide	12. synthetischer Gummi
5. Viskosefaserstoffe	13. Polyester
6. Baumwolle	14. Polyakrylnitril
7. Papier	15. Polyvinylchlorid
8. Stengelfasern	16. Polyäthylen
	Negatives Ende

Abb. 4 Beispiel einer elektrostatischen Spannungsreihe (nach LEHMICKE)

Prinzipiell ist die getrennte Ladung um so größer, je weiter die kontaktierenden Materialien in der elektrostatischen Spannungsreihe auseinanderliegen. So muß z. B. beim Reiben von Polyamid oder Wolle, die grundsätzlich zu starker positiver Aufladung neigen, gegen Polyester, Polyakrylnitril oder auch Polyvinylchlorid, die grundsätzlich zu starker negativer Aufladung neigen, mit dem Entstehen großer Ladungen gerechnet werden. Da es sich bei mindestens einem der beiden Reibpartner um ein textiles Flächengebilde mit textiler Oberflächenstruktur handelt und außerdem auf der Faser- oder Elementarfadenoberfläche Textilhilfsmittel aus Textilveredlungsprozessen oder oberflächenaktive Substanzen aus Wasch- und Spülprozessen angelagert sein können, ist die wirkliche Neigung zur Aufladung nur begrenzt vorausbestimmbar.

Bekannt ist, daß Tenside die Erregbarkeit herabsetzen, und daß andere Fremdsubstanzen bereits in kleinsten Mengen die Position in der elektrostatischen Spannungsreihe verschieben können. Schließlich muß man davon ausgehen, daß bei Bekleidungstextilien die Art der Kombination von Reibpartnern nicht vorgeschrieben werden kann.

Der Schwerpunkt unserer Arbeiten zum elektrostatischen Verhalten liegt beim zweiten Teilprozeß, nämlich dem Abfließen entstehender Ladungen und basiert damit auf den physikalischen Gesetzen der Entladungsprozesse und den Grenzschichtproblemen. Der Oberflächenwiderstand der Faserstoffe muß so niedrig gehalten werden, daß sich die — meist nur lokal hervorgerufenen — Aufladungen auf eine größere Fläche verteilen oder zu anderen Körpern hin abfließen.

Das wird bei Bekleidungstextilien erreicht, wenn der flächenbezogene elektrische Widerstand bei oder unter 10^{11} Ohm liegt. Da es sich im wesentlichen um einen elektrolytischen Leiteffekt handelt, kommt der Hygroskopizität des Faserstoffs und damit auch der Feuchte der umgebenen Luft eine besondere Bedeutung zu. Die elektrische Leitfähigkeit ist um so geringer, je trockener der Faserstoff ist. Wenn man Maßnahmen zur Verbesserung der elektrischen Leitfähigkeit ins Auge faßt, muß man beachten, daß beide zu kontaktierenden Schichten ein schnelles Abfließen der Ladung gewährleisten; auch wenn nur eine Schicht aufgeladen bleibt, entstehen infolge Influenz gleiche Anziehungskräfte wie bei zwei gegenpolig aufgeladenen Schichten. Eine Ausnahme bilden nur hautnah getragene Kleidungsstücke, die durch den leitfähigen menschlichen Körper abgeschirmt sind und hinsichtlich Antistatik keiner besonderen Maßnahmen bedürfen.

Zum Erhöhen der elektrischen Leitfähigkeit von hochpolymeren textilen Faserstoffen werden sogenannte innere Antistatika, die bereits beim Entstehen des Faserstoffs dem Polymergefüge als Additive beigefügt sind, oder äußere Antistatika, die nachträglich angelagert werden, angewandt.

Der im ITF an Flächengebilden aus Polyamidseiden beschrittene Weg geht von einer nachträglichen Erhöhung des Oberflächenleiteffektes aus. Das hierzu von Dr. A. Heger und Mitarbeitern entwickelte Verfahren [5], über das zu gegebener Zeit einmal ausführlich berichtet werden sollte, bindet über freie Radikale an die Makromoleküle dissoziationsfähige Substanzen wie z. B. Acrylsäure, deren Wirkung allerdings bezüglich Feuchteaufnahme und Verminderung des spezifischen Widerstandes gering ist. Erst ein Versalzungsprozeß mit z. B. Na_2CO_3 bringt eine beträchtliche Beeinflussung der interessierenden Parameter, worüber Abb. 5 und 6 Auskunft geben. Der augenblickliche Stand der Arbeiten läßt vorerst nur die Schlußfolgerung zu, daß es sich um ein Modell handelt, mit dem man unter Einhaltung bestimmter Bedingungen Trageversuche zur Optimierung wichtiger Parameter zum Behaglichkeitsverhalten in der Bekleidung durchführen kann.

Zur Methodik der Messung des elektrischen Widerstandes und der Bestimmung der elektrostatischen Erregbarkeit sowie auch zur Formulierung von Forderungen im Sinne von Zielgrößen für die Verbesserung elektrostatischer Eigenschaften

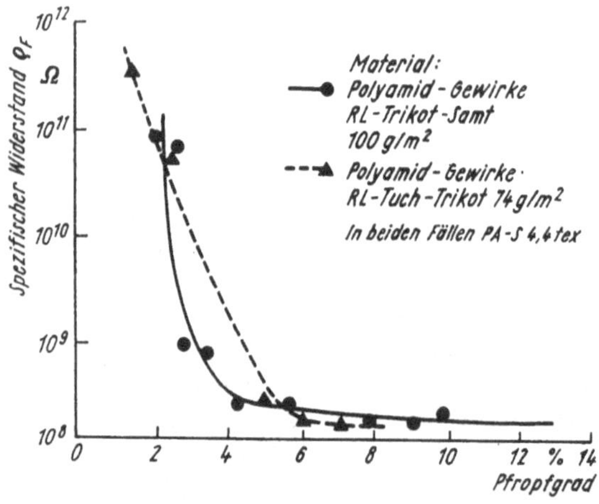

Abb. 5 Beziehung zwischen spezifischem Widerstand und Pfropfgrad an Polyamidseidengewirken

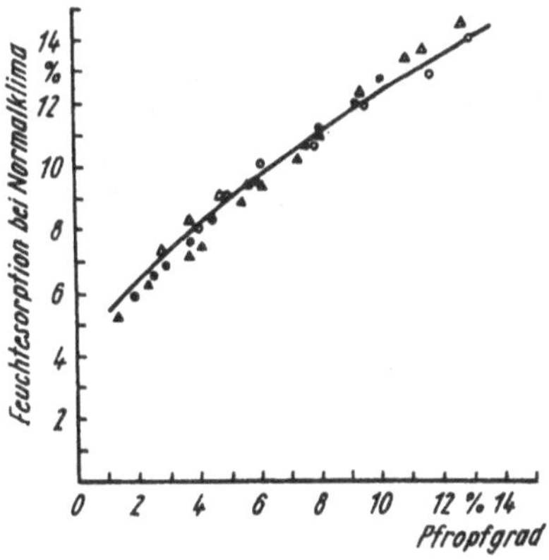

Abb. 6 Beziehung zwischen Feuchtesorption (bei Normalklima) und Pfropfgrad an Polyamidseidengewirken

wurden in der DDR durch das Forschungsinstitut für Textiltechnologie (FIFT) bereits grundlegende Beiträge geleistet, auf die wir zu Beginn unserer Arbeiten aufbauen konnten. Heute ist Dr. H. Martin mit Mitarbeitern in der Lage, in koordinierter Zusammenarbeit mit dem FIFT eigene Beiträge zur methodischen Verfeinerung und zur weiteren Präzisierung der Zielgrößen auf dem Gebiet Antistatik zu leisten, wobei wir uns der Widerstandsmessung an textilen Flächengebilden und eines „Klebetests" bedienen, der uns Aussagen über die Geschwindigkeit der Ladungsableitung ermöglicht.

Bekleidungsphysiologische Eigenschaften

Auf diesem sehr komplexen und auf Grund noch fehlender Objektivierbarkeit widerspruchsvollen Gebiet bestand und besteht noch die Forderung, einen baumwollähnlichen Faserstoff durch strahlenchemische Modifikation zu entwickeln.

Wie Abb. 6 zeigte, ist diese Forderung bezüglich der Wasserdampfsorption an Polyamid unter bestimmten Bedingungen erfüllbar. Allerdings können wir heute noch nicht mit Sicherheit sagen, ob wir durch diese Pfropfung auch die bekleidungsphysiologischen Eigenschaften wesentlich verbessern. Objektiv meßbare Unterschiede sind nämlich bei Trageversuchen subjektiv nicht nachweisbar.

Inzwischen wurde der gesamte Komplex der Wechselwirkung zwischen Faserstoffen und Wasser, d. h. der Sorptionsmechanismus in Abhängigkeit von der Konstitution und Struktur der Faserstoffe, desgleichen die Sorptionskinetik, Fragen der Benetzung, das Auftreten von Wärmeeffekten bei Sorption und Benetzung usw. in Arbeit genommen. Abb. 7 zeigt die Kinetik der Wasserdampfsorption von nativen Faserstoffen im Vergleich zu strahlenchemisch modifizierten Polyamiden.

Obwohl diese Ergebnisse auf den ersten Blick z. T. positiv erscheinen, ergeben sich zahlreiche weitere offene Fragen, die im Falle der modifizierten Materialien die Habitus-Veränderung, die Dynamik der Feuchteabgabe u. a. betreffen. Dazu kommen neben den Faden- und Flächengebildekonstruktionsparametern noch die Oberflächengestaltung der Faserstoffe, der Seiden bzw. Garne und schließlich der Endprodukte.

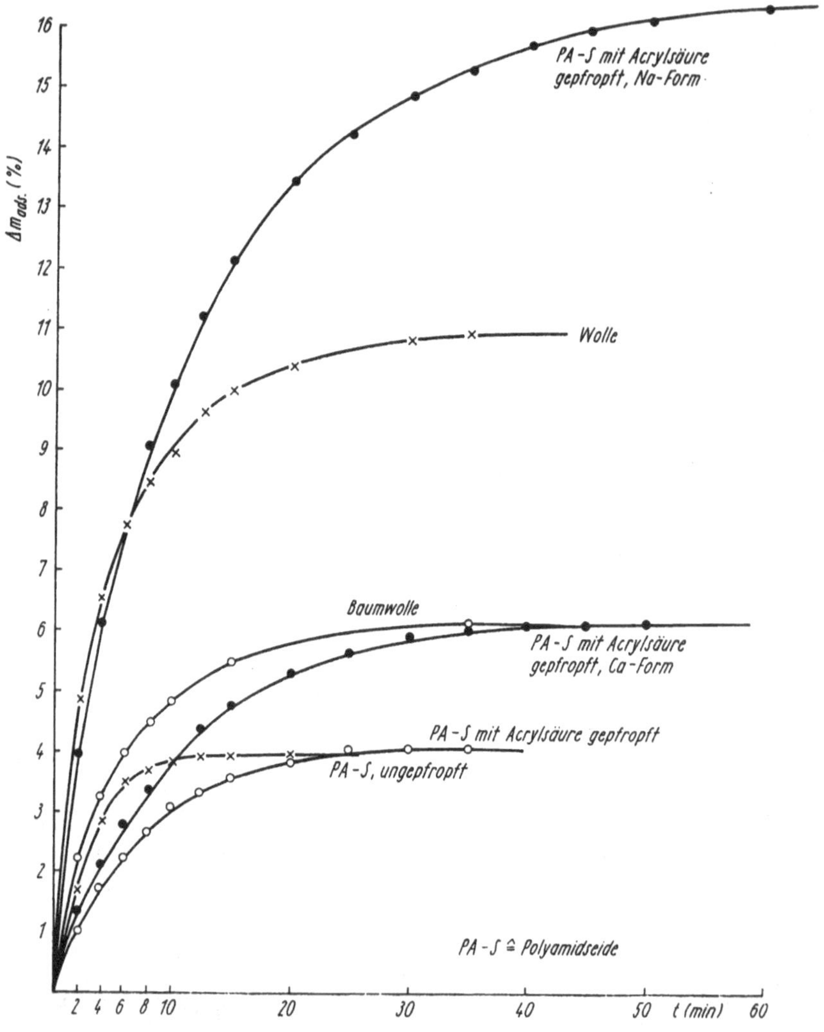

Abb. 7 Kinetik der Wasserdampfsorption von nativen Fasern und Polyamidseidengewirken (ungepfropft und nach verschiedenen Pfropfarten) beim Übergang von 30% auf 90% relativer Luftfeuchte bei 25 °C

III.

Im folgenden möchte ich *eine typisch technologische* Arbeit vorstellen, die auf Basis der Kenntnisse über Polyamidseideneigenschaften, über textile Flächengebildeherstellungsverfahren und über die Nutzung der Pfropfkopolymerisation mit Hilfe energiereicher Strahlen zustande kam. Die Zielstellung bestand darin, glatte Web- oder Maschenwaren voluminöser zu gestalten. Das ist z. B. möglich, wenn man derartige Flächengebilde aus texturierten Syntheseseiden herstellt. Über verfahrenstechnische Fortschritte und deren Probleme auf dem Gebiet der Syntheseseidentexturierung konnte ich am 9. 12. 76 vor beiden Klassen des Plenums der Akademie bereits berichten. Schon lange bestand nun der Wunsch, den Texturierungseffekt erst am Flächengebilde zu erzeugen, was voraussichtlich eine beachtliche Vereinfachung im maschinellen bzw. verfahrenstechnischen Aufwand sowohl bei der Faden- als auch Flächengebildeherstellung bedeuten und die Produktivität positiv beeinflussen würde. Bisher konnte die eigentliche Zielstellung „Flächentexturierung" nicht realisiert werden. Es gibt aber einige Verfahrensvarianten, die das Flächengebilde voluminöser werden lassen. Dazu gehört auch das zu beschreibende Verfahren, das zu einer partiellen räumlichen Verwerfung des Flächengebildes führt und dabei eine gezielte Musterung und zusätzlich differenzierte Anfärbungen gestattet.

Das entwickelte Verfahren benutzt die Erkenntnis, daß eine strahleninitiierte Pfropfkopolymerisation von Acrylamid auf z. B. Polyamidseidenkettgewirke dessen Schrumpf gegenüber dem ungepfropften Vergleichsmuster beträchtlich erhöht. Wird also die strahlenchemische Modifizierung auf einem Polyamidseidenkettgewirke nur partiell angewendet, dann kommt es zu einem Nebeneinander von geschrumpften und kaum geschrumpften Flächenteilen und damit zu einem reliefartigen Verwerfen des Flächengebildes. Dieser Effekt kann mit kleinem und großem Raster und in Verbindung mit beliebigen Ornamenten erreicht werden. Hinzu kommt noch, daß die Anfärbbarkeit der gepfropften Gewebeteile anders ist als die der ungepfropften Gewebeteile. Das ermöglicht partielle Anfärbung oder Anfärbung in zwei Farbtönen. Für den erreichten Effekt wurde der Begriff „Strukturierung" eingeführt, da der textile Habitus dieses Flächengebildes sich von einem solchen aus texturiertem Material unterscheidet, nicht zuletzt hinsichtlich der Weichheit. Hier allerdings können geeignete Textilhilfsmittel noch eine beträchtliche gegenseitige Habitus-Annäherung bewirken. In bekleidungshygienischer Hinsicht stellt das strukturierte Flächengebilde wegen mehr oder weniger punktartiger Auflage und leichter Verbesserung der Hygroskopizität einen gewissen Fortschritt dar, wobei alle Eigenschaften permanent sind.

Nachdem im Laborversuch gezeigt worden war, daß dieses Verfahren prinzipiell nutzbar ist, mußte vom Kollektiv Dr. H. Pässler eine technische Lösung an Hand einer Versuchsanlage gefunden werden. Da mit β- bzw. Elektronenstrahlen gearbeitet wird, die eine geringe Reichweite besitzen, wurde zunächst mit der Schablonenmethode begonnen (Abb. 8a). Die Schablone enthält mustergemäße Durchbrüche und ist so dick — was vom Werkstoff und der verwendeten Strahlungsenergie abhängt —, daß die Elektronenstrahlen nicht hindurchdringen können. Die auf diese Weise nur an den Durchbrüchen partiell bestrahlten Flächengebilde werden anschließend in einer geeigneten Monomerenlösung behandelt, was infolge der nun anwesenden Radikale zur Pfropfkopolymerisation führt; die resultierende Schrumpfung in den partialmodifizierten Bereichen führt zum reliefartigen Ausbauchen der unmodifizierten Flächenteile. Daß hierbei Fadenaufbau und Fadenbindung im Gewebe bzw. Fadenlegung in der Maschenware den Effekt noch beträchtlich beeinflussen können, von der Optimierung der Behandlung in der Monomerenlösung ganz abgesehen, sei hier nur am Rande vermerkt.

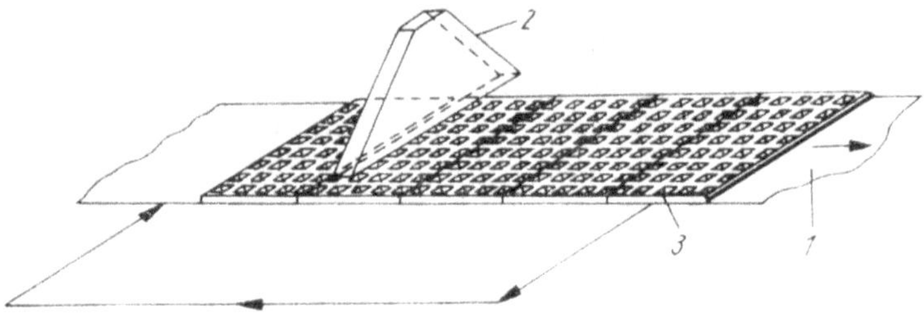

Abb. 8 Prinzip der Partialmodifizierung

a) mittels Abdeckschablone (unten)

1 — Warenbahn
2 — Scanner für Elektronenstrahlaustritt
3 — Schablone

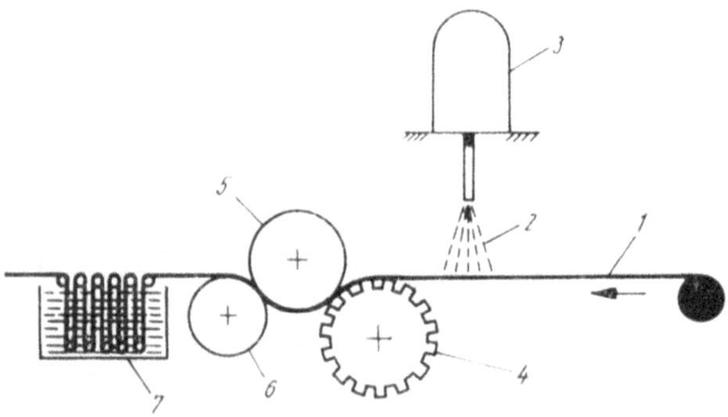

b) mittels Musterheizwalze zur partiellen Radikalzerstörung (oben)

3 — Beschleuniger
4 — Heizwalze (bemustert)
5, 6 — Führungswalzen
7 — Pfropfbad

Es wurde aber noch eine weitere technologische Variante entwickelt, die zum gleichen Effekt führt. Hier wird das Flächengebilde zunächst vollkommen gleichmäßig bestrahlt. Anschließend kommt eine beheizte und mit mustergemäßen Vertiefungen versehene Walze mit dem bestrahlten Flächengebilde ähnlich den Drukkereiwalzen in Berührung (Abb. 8b). Nur die erhabenen Stellen berühren somit das Flächengebilde. Durch den Kontakt mit den heißen Metallteilen werden die beim Bestrahlen entstandenen Radikale zu anderen Reaktionen veranlaßt und stehen demzufolge für eine Pfropfung bei der folgenden Behandlung in der Monomerenlösung nicht mehr zur Verfügung.

In Arbeitsteilung mit einem Partner wurde vom Kollektiv die zweite Variante entwickelt. Es steht eine Kleinanlage für 50 cm breite Ware zur Verfügung. Nunmehr wird an einer Maßstabsvergrößerung gearbeitet. Patente konnten in den gewünschten Ländern mit relativ geringen Schwierigkeiten angemeldet werden [6].

Ich möchte bei dieser Gelegenheit erneut feststellen, daß das labormäßige Auffinden eines originellen Verfahrens sicher eine oft bemerkenswerte Leistung ist. Anerkennenswert wird aber diese Leistung erst dann, wenn es gelingt, dieses Verfahren in seiner möglichen Vielfalt so zu gestalten, daß es eine sichere und moderne Industrieproduktion gestattet. Dazu müssen Einfluß und Zusammenwirken der zahlreichen Prozeßparameter auch unter dem Aspekt der Maßstabsvergrößerung erfaßt sein und die sich dabei immer wieder zusätzlich ergebenden Probleme mit vorher meist nicht planbaren soliden technologischen Grundlagenforschungsarbeiten untersetzt werden.

Auch hier wird also deutlich, daß die Technologie ein äußerst wichtiges Wissenschaftsgebiet ist, von dem die effektive Nutzung erfolgreicher Vorlaufforschung weitgehend abhängt. Hier bedarf es Kader, die mit hohem Wissen, wobei wir heute vielleicht oft die Ingenieurfähigkeiten unterschätzen, zäh und zielstrebig die notwendigen Arbeiten betreiben. Derartige Technologen müssen also über ein sehr breites Wissen verfügen und müssen auf ihrem Fachgebiet Könner sein, um zum ingenieurmäßigen Gestalter neuer Industrieverfahren werden zu können.

Ein Hauptproblem ist nach wie vor die optimale Stafettenübergabe einer solchen Entwicklung an die das endgültige Verfahren übernehmende Industrie. Dabei ist es notwendig, daß das Bearbeiterkollektiv des Industriepartners richtig einrastet und qualitativ gleichwertig ist. Das bedeutet aber auch, daß die Akademie und der Industriepartner gleichwertige Technologen mit hohen menschlichen Qualitäten zur Verfügung haben. Im allgemeinen werden die bei der Maßstabsvergrößerung anfallenden neuartigen Probleme von den Spezialisten der Akademie für technologische Grundlagenforschung gelöst werden müssen.

Abschließend ist zur strahlenchemischen Partialmodifizierung als eines von vielen Problembeispielen bei der Maßstabsvergrößerung, die kontinuierliche Pfropfbehandlung von Polyamidseidenkettgewirken in Acrylamidlösung zu behandeln. Obwohl durch geeignete technische Einrichtungen die Konzentration der Monomerenlösung konstant gehalten werden konnte, ergab sich nach längerem Durchlauf von Warenbahnen eine zunächst unerklärliche Effektsteigerung. Es stellte sich heraus, daß die nachgespeiste Monomerenlösung luft- bzw. sauerstoffärmer wurde, was die Pfropfintensität nach und nach ansteigen läßt. O_2 inhibiert bekanntlich die Polymerisation und geht zudem Verbindungen mit den Radikalen im bestrahlten Faserstoff ein; die O_2-Minderung läßt also den Pfropfmechanismus verstärkt zur Wirkung kommen. Außerdem enthielt die technische Akrylamidlösung eine Reihe von störenden Verbindungen (insbes. Gips). Die erforderliche Konstanthaltung des Lösungszustandes erforderte also neben eingehenden analytischen Untersuchungen die Erarbeitung von Maßnahmen, durch welche bei einem industriellen Kontinueprozeß der notwendige konstante Zustand erhalten werden kann. Das Problem konnte durch zusätzliche Arbeiten und ohne Veränderung der Plantermine gelöst werden.

Zweifellos handelt es sich um eines der üblichen Probleme. Die Frage ist nur, konnte das Problem in der Phase der Vorlauf- bzw. Laborforschung nicht mit bedacht werden? War die Aufgabenstellung ausreichend, war sie lückenlos genug? Ich möchte darauf keine Antwort geben und nur feststellen, daß dies die Probleme unserer Zeit hinsichtlich Akademie- und Industrieforschung sind. Nur dort kann ohne Komplikationen zur Tagesordnung übergegangen werden, wo auf beiden Seiten sachkundige, gegenseitig aufgeschlossene und wirklich risikobereite Menschen — insbesondere hier aber Technologen — wirksam sind.

IV.

Im Zusammenhang mit den dargelegten und auch anderen Forschungsarbeiten, ganz abgesehen von der Situation in der Industrie, zeigt sich immer wieder die Notwendigkeit, zu besseren Textilhilfsmitteln zu gelangen. Schon in den weiter zurückliegenden Jahren wurden z. B. spezielle Imprägniermittel für Polyamidseidenfischnetze und für den Feuerschutz entwickelt. Neuerdings befaßte sich eine Spezialistengruppe aus dem ITF (unter der Leitung von Dr. H. Grimm bzw. Dr. A. Ferse) und dem ZIOC (unter der Leitung von Dr. P. Dietrich) mit dem strahlenchemischen Abbau von Polytetrafluoräthylen zu niedermolekularen Produkten und deren Wandlung insbesondere zu wertvollen Hilfsmitteln und sehr interessanten Zwischenprodukten. Durch energiereiche Strahlung wird das PTFE-Molekül gespalten, wobei der Kettenbruch stochastisch erfolgt, es also nicht zu bevorzugter Abspaltung von Monomeren (wie beim thermischen Abbau) oder zu zusätzlicher Vernetzung (wie bei anderen Polymeren) kommt. Es lag nahe, die radikalischen Bruchstücke in der strahlenchemischen Reaktionszone sofort — unter diesen Bedingungen aktivierbaren Reaktanten — umzusetzen.

Als Reaktanten können eine Vielzahl von chemischen Elementen oder Verbindungen dienen, so daß aus dieser strahlenchemischen Reaktion eine Art „Baukastenchemie“ entwickelt werden kann, die den Weg zu unterschiedlichen perfluorierten Kohlenwasserstoffderivaten eröffnet. Dabei sind Verbindungsklassen zu erwarten, die bisher nur auf oft sehr komplizierten und uneffektiven anderen Wegen herstellbar waren und auch solche, für die bisher keine Synthesewege bekannt waren. Der beschrittene Verfahrensweg stellt in der Chemie und der Verfahrenstechnik eine Methode dar, für die, soweit aus der Literatur ersichtlich, kein Analogon existiert.

Der Abbau von PTFE bei Einwirkung energiereicher Strahlung ist ein radikalischer Prozeß. Es erfolgt keine Selektion bei der Spaltung der vorhandenen Bindungen im Molekül. Wie ESR-Untersuchungen ergaben, entstehen primär zwei verschiedene Radikaltypen (I) und (II).

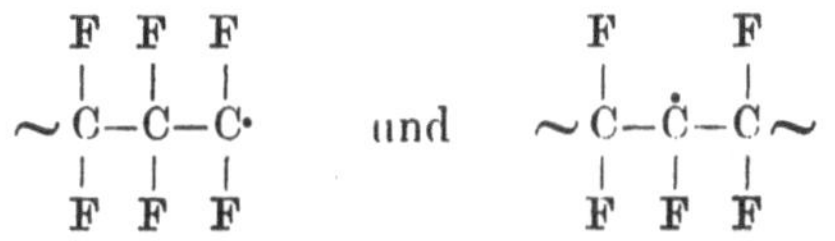

primäres Radikal I — sekundäres Radikal II

Die bisherigen Untersuchungen befaßten sich mit dem Abbau ohne Reaktanten bzw. mit dem Sauerstoff als Reaktanten und sind in Abb. 9 als Verfahrensablaufplan dargestellt [7].

Ist Sauerstoff in der reaktiven Zone vorhanden, stabilisieren sich die beiden Radikaltypen zu Carbonyldifluorid und Perfluorcarbonsäurefluoriden sowie Perfluorparaffinen. Die Perfluorcarbonsäurefluoride sind leicht zu Perfluorcarbonsäuren zu hydrolysieren (Abb. 10). Die eigenen Vorstellungen zum Reaktionsmechanismus führten zu dem Schluß, daß sich maximal 25% Perfluorcarbonsäuren bilden können. Die Carbonyldifluorid-Bildung (40—60%) führt zu hohen Materialverlusten und ist der entscheidende Nachteil dieses Verfahrens; deshalb wurde auf einen Abbau unter Inertgas-Atmosphäre orientiert.

In inerter Atmosphäre stabilisieren sich beide Radikaltypen unter Ausbildung perfluorierter Olefine (theoretisch etwa 75%) und perfluorierte Paraffine (etwa 25%) (Abb. 11).

Für den strahlenchemischen PTFE-Abbau zu Spaltstücken mit 6 bis 14 Kohlenstoffatomen in der Molekülkette sind etwa 10^3 Mrd erforderlich.

Durch Fluor-19-Kernresonanz-Untersuchungen konnte festgestellt werden, daß geradkettige, unverzweigte Produkte entstehen.

Die Perfluorolefine lassen sich mit hohen Ausbeuten oxydativ in Perfluorcarbonsäuren oder durch direkte Funktionalisierung in einem Schritt in andere grenzflächenaktive Fluorverbindungen überführen.

Derzeit konzentrieren sich die Arbeiten bezüglich der Endprodukte auf Fluortenside und deren Applikation. Bemerkenswert ist deren hohe thermische und chemische Beständigkeit, welche die aller Tenside auf Kohlenwasserstoffbasis übertrifft. Auch Oleophobierungs- und Hydrophobierungsmittel für Textilien sind in der Testung.

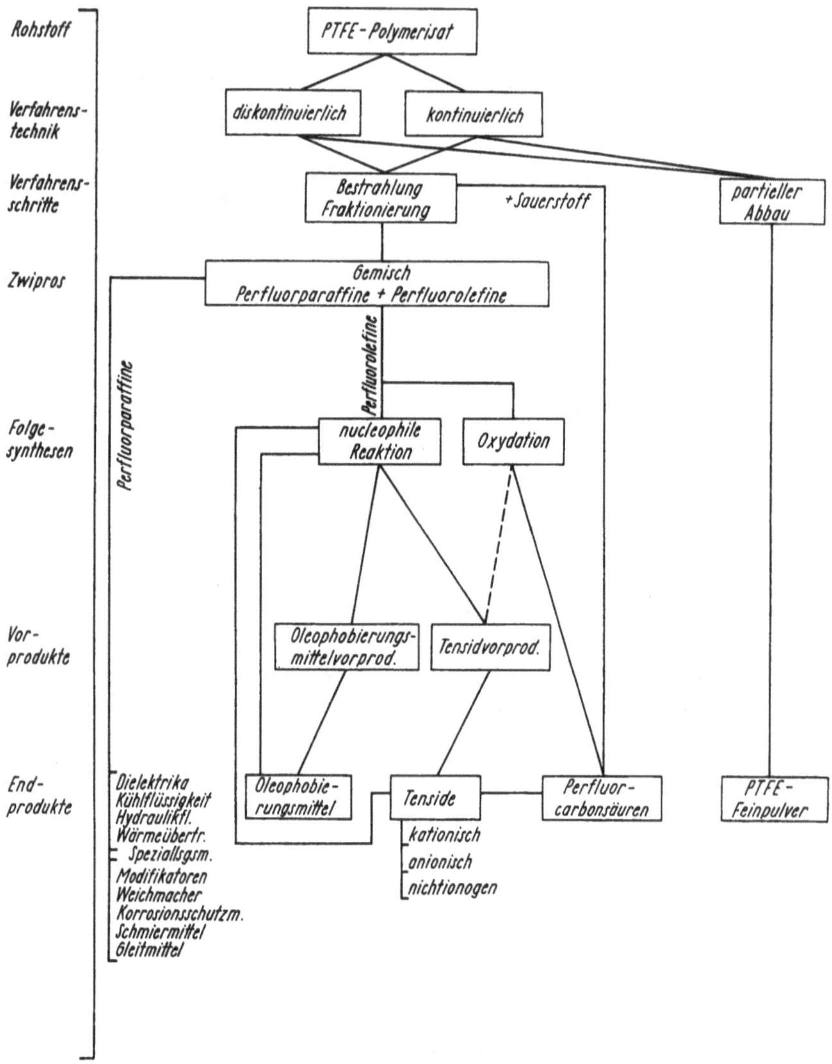

Abb. 9 Übersichtsplan zum strahlenchemischen Abbau von Polytetrafluoräthylen und zur Gewinnung wichtiger Endprodukte

Als Nebenlinie zu vorstehendem Komplex muß noch die *PTFE-Feinpulver-Herstellung* erwähnt werden. Dieses Feinpulver wird durch Bestrahlung von PTFE-Rohpolymerisat in Gegenwart spezieller Reaktanten (z. B. Na_2SO_3, $NaNO_2$) bei einer Dosis von etwa 10 Mrd gewonnen, durch die ein merklicher Abbau der Polymerkette noch nicht eintritt [8]. Umfangreiche Applikationsversuche nutzen die abhäsiven Eigenschaften als Trenn- und Gleitmittel, auch in Kombination mit anderen Hochpolymeren und Lacken für Überzüge mit Trenn- und Gleiteigenschaften.

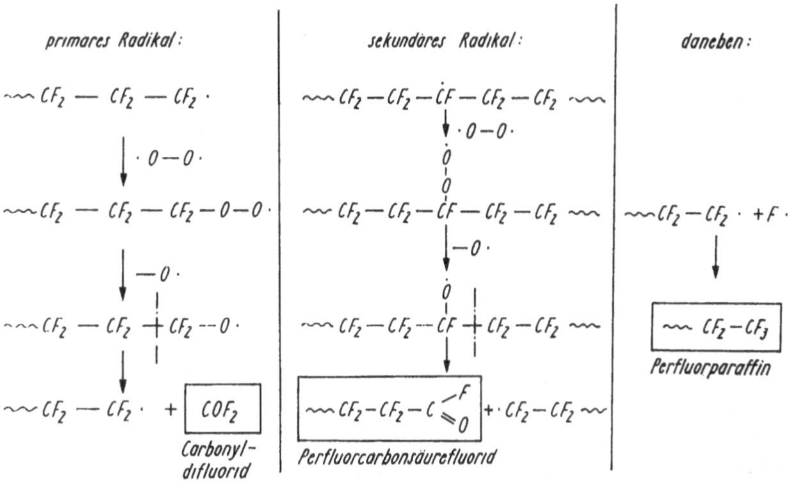

Abb. 10 Mechanismus des strahlenchemischen Abbaus von Polytetrafluoräthylen in Sauerstoff

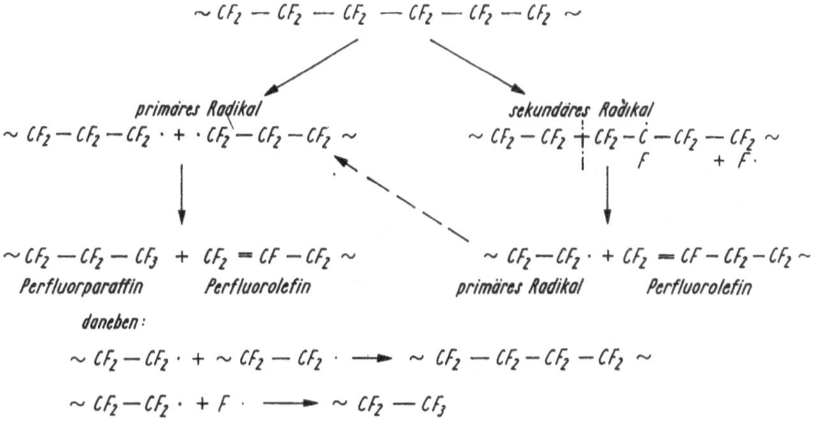

Abb. 11 Strahlenchemischer Abbau von Polytetrafluoräthylen in Inertgas

V.

Abschließend möchte ich der Hoffnung Ausdruck geben, daß die ausgewählten Beispiele erkennen ließen, wie komplex auf Basis naturwissenschaftlicher Gesetzmäßigkeiten Technologen tätig sein müssen, um gezielte Stoffe (auch Werkstoffe) herzustellen oder modifizieren zu können. Insbesondere wird deutlich, daß im chemisch/technologischen Bereich bis zum Erreichen einwandfreier Verfahren zahlreiche gediegene technologische Grundlagenforschungsarbeiten oft zusätzlich erforderlich sind.

Es besteht aber noch ein Problem; das sind die Wechselbeziehungen von know how und know why einerseits und der Zeitaufwand für ein industriell nutzbares Ergebnis andererseits. Das Forschungsergebnis eines Akademie-Institutes muß ein hohes Niveau besitzen; deshalb ist bewußt von den naturwissenschaftlichen Gesetzmäßigkeiten auszugehen, und bei der Arbeit auftretende positive oder auch negative Effekte sind mit Hilfe der Stoffkenntnisse zu deuten oder auf naturwissenschaftliche Gesetzmäßigkeiten zurückzuführen. Mitunter kann die know-why-Frage dabei aber beträchtliche Schwierigkeiten bereiten und zusätzliche Zeit erforderlich machen. Selbst hier kommt man also zur Fragestellung des „so gut wie möglich oder so gut wie nötig“ im Wettlauf mit der Zeit. Es ist deshalb sehr verantwortungsbewußt zu entscheiden, wie man einerseits der möglichst schnellen Einführung eines Verfahrens gerecht wird, andererseits gewisse wissenschaftliche Lücken offen läßt und diese parallel zur Einführung eines Verfahrens oder auch erst danach schließt.

Wir müssen lernen, mit dieser Problematik, die von Fall zu Fall unterschiedlich sein wird, fertig zu werden, um das Niveau von Akademie-Forschungsarbeiten weiter zu erhöhen. Eine dynamische und verantwortungsbewußte Verhaltensweise unserer Mitarbeiter ist dazu unumgänglich.

Literatur

[1] H. Klare: Grundlagenforschung — Basis des wissenschaftlich-technischen Fortschritts, Einheit 31 (1976), 10, S. 1096—1103.

[2] W. Bobeth und H.-J. Jacobasch: Zur Bedeutung der physikalisch-chemischen Oberflächenparameter von Chemiefaserstoffen für deren Färbe-, Veredlungs- und Gebrauchseigenschaften. Vortrag vom 21. 6. 1972 anläßlich der 13. Internationalen Chemiefasertagung in Dornbirn/Österreich (vgl. auch Melliand Textilberichte, 55 (1974) S. 268—274).

[3] WP 89243 vom 12. 4. 1972

[4] H.-J. Jacobasch: Untersuchungen über die Wechselwirkungen zwischen faserbildenden Polymeren und kontaktierenden Substanzen zur Interpretation des Anschmutzungs- und Waschverhaltens textiler Faserstoffe. B-Promotion AdW der DDR 1977.

[5] W. Bobeth, A. Heger, H. Pässler, V. D. Orechov, R. P. Gomozova, E. V. Korableva, K. D. Pismannik: Die Anwendung von Elektronenbeschleunigern für die Modifizierung textiler Materialien, Faserforschung und Textiltechnik. 24 (1973), S. 412–417.
[6] WP 81839
[7] WP 112 589, WP 112 590, WP 112 197, WP 115 994, WP 112 588, WP 116 243, WP 122 245, WP 120 655
[8] WP 116 626

2. Beitrag

Beispiele zur Produktivitätssteigerung bei Herstellung und Verarbeitung textiler Faserstoffe unter Berücksichtigung von Werkstoffaspekten.

Bei der Herstellung und Verarbeitung von textilen Faserstoffen in Form von Fäden und Fasern sind in den vergangenen Jahren beträchtliche Fortschritte erzielt worden, die insbesondere auf der bisher größten Internationalen Textilmaschinenausstellung (ITMA) im vorigen Jahr in Mailand in beeindruckender Weise vorgeführt wurden. Angeregt durch den Besuch dieser im vierjährigen Rhythmus stattfindenden Leistungsschau, an der auch die sozialistischen Länder beteiligt waren, möchte ich Ihnen an Hand nur weniger Beispiele den erreichten Stand und einige damit zusammenhängende Probleme darlegen, wobei insbesondere Werkstoffprobleme angesprochen werden sollen.

Der technologische Fortschritt korreliert bekanntlich sehr wesentlich mit der Werkstoffentwicklung, d. h. neue Werkstoffe können zu neuen technischen Lösungen führen, auch der umgekehrte Fall ist möglich. Gerade diese Wechselbeziehung wird heute weltweit sehr aufmerksam verfolgt und genutzt. Führenden Betrieben gelingt es immer besser, funktionsoptimale Werkstoffe ausfindig zu machen, wobei es im vorliegenden Fall ganz besonders um Probleme von Reibung und Verschleiß geht. Diese beiden Parameter beziehen sich aber nicht nur auf die Maschinenwerkstoffe, sondern in gleicher Weise auf den zu verarbeitenden Werkstoff, also auf die Faserstoffe.

Als wichtig muß in diesem Zusammenhang noch erwähnt werden, daß es immer besser gelingt, die spezifischen Eigenschaften, insbesondere die der synthetischen Faserstoffe, mittelbar oder unmittelbar in die Gestaltung neuer Technologien einzubeziehen. Dabei nutzt man vor allem die Thermoplastizität, die hohe Festigkeit und das einstellbare Schrumpfverhalten sowie die hohe Wasserunempfindlichkeit dieser Faserstoffe.

Neben diesen beiden Wechselbeziehungen der Technologien einerseits zu den Maschinenwerkstoffen und andererseits zu den Faserstoffen muß noch der Chemisierungsaspekt ausdrücklich hervorgehoben werden, der über chemische Hilfsmittel mannigfaltiger Art verfahrens- und produktverbessernd wirksam wird, z. T. aber auch spezielle Probleme aufwirft.

Bevor auf ausgewählte Beispiele eingegangen wird, seien an Hand von Abb. 1 bereits erreichte und in Zukunft vielleicht mögliche Prozeßstufeneinsparungen [1] für den Chemiefaserstoff-/Textil-/Konfektionsbereich aufgezeigt, die sehr wesent-

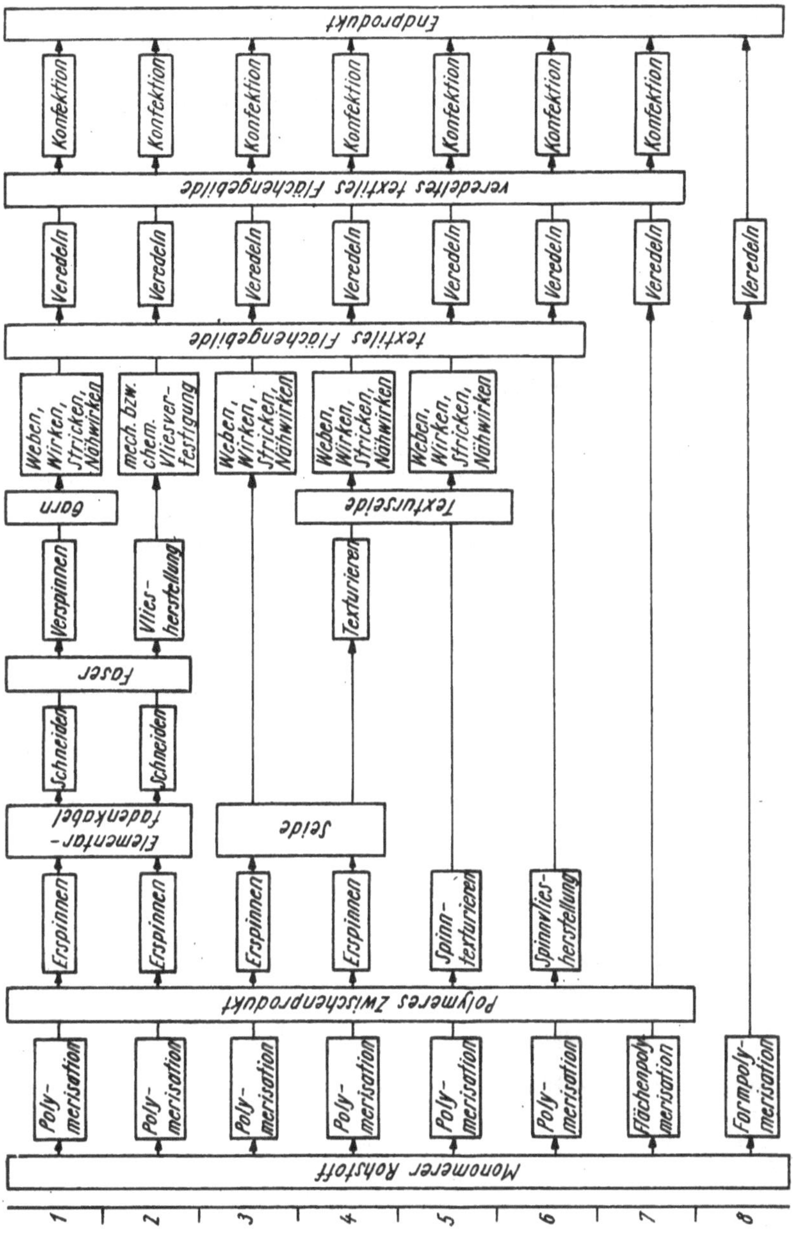

Abb. 1 Möglichkeiten der Prozeßstufenverminderung zwischen monomerem Rohstoff und textilem Endprodukt

lich zur Produktivitätssteigerung beitragen können. Neue oder modifizierte Technologien und Maschinen sind hierzu Voraussetzung. Gleichzeitig sind aber auch qualitative Fragen zu beachten, die sich einerseits auf besonders gute Verfahrensbeherrschung (angefangen beim Rohstoff bis hin zum einwandfrei beherrschten technologischen Regime), andererseits auf das produzierte Endprodukt beziehen, das infolge Prozeßstufeneinsparungen keine qualitativen Mängel aufweisen darf. Wissenschaftlich durchgeführte Prozeßanalysen können hier von großem Nutzen sein, da auf diese Weise Verfahrensschwachstellen besser erfaßbar und damit abbaubar sind.

Fadenerzeugung aus der Schmelze

Polyamide und Polyester nehmen in zunehmendem Maße eine wichtige Rolle in der Faserrohstoffpalette ein. Die Erzeugung von Fäden aus diesen Polymeren steht derzeit unter dem Aspekt einer beträchtlichen Steigerung der Spinngeschwindigkeit sowie der Einsparung der Prozeßstufe „Recken". Letzteres geschieht insbesondere im Zusammenhang mit der Weiterverarbeitungsstufe Texturieren, bei der die Seide einen voluminösen und, wenn es erforderlich ist, auch dehnbaren Charakter erhält, worauf noch gesondert eingegangen wird. Die möglichen Varianten dieser Prozeßstufeneinsparung in Verbindung mit den Produktionsgeschwindigkeiten sind in Abb. 2 zusammengestellt.

Entwicklungsstufen	Produktionsgeschwindigkeit in m/min Spinnen	 Recken	 Texturieren	Prozeßstufen	Kurzzeichen
I	800–1200	1000	100–150	3	LS
	├── Klassische Verfahren ──┤				
II	800–1200	3200–4000	100–150–	2	SRW
	├── Spinnrecken ──┤				
III	2500–4000 (6000)	150–350–600–		2	SSW
	├──Schnellspinnen──┤	├──Recktexturieren──┤			
IV	├── Spinnrecktexturieren ──┤			1	SRTW

Abb. 2 Varianten zur Prozeßstufenverminderung beim Spinnen, Recken und Texturieren von synthetischen Seiden
LS = Langsamspinnen
SRW = Spinnreckwindeverfahren

Im Fall der Stufe II wird das Recken unter Verwendung von Galettenpaaren vollkommen vom Spinnprozeß (Spinnen/Recken/Winden) übernommen. Beim derzeit produktivsten Spinnverfahren (Stufe III) ist das Recken ohne Reckgaletten weitgehend in den Spinnprozeß integriert, da mit steigender Spinngeschwindigkeit Ausreckung und damit Orientierung steigen, die noch erforderliche Restreckung wird vom Texturieren übernommen. An der Realisierung der Stufe IV wird derzeit intensiv gearbeitet.

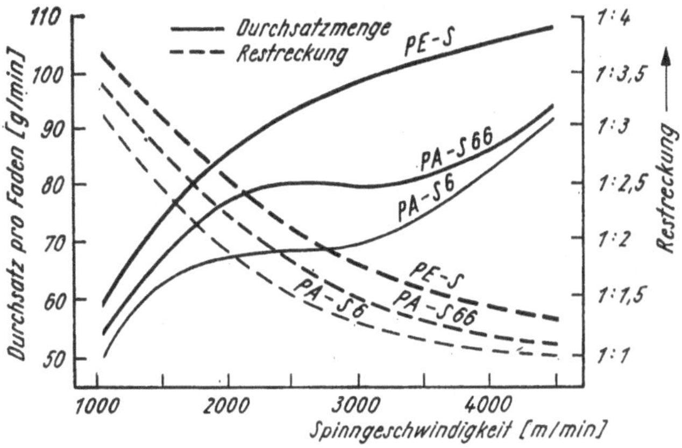

Abb. 3 Zusammenhang von Spinngeschwindigkeit, Massedurchsatz an der Düse und Restreckung für Polyamid- und Polyester-Seiden [2]

Abb. 3 läßt nach Arbeiten z. B. von Lünenschloss [2], Sattler und Mitarbeitern [3] u. a. erkennen, daß mit steigender Spinngeschwindigkeit die noch erforderliche Restreckung immer geringer wird. Allerdings verändern sich Restreckung und der Polymerendurchsatz an der Düse in g/min nicht proportional mit dem Anstieg der Fadengeschwindigkeit. Bei Polyamid steigt die Mengendurchsatzkurve an der Spinndüse zwischen 2000 und 3500 m/min wesentlich langsamer, teilweise tritt sogar eine Stagnation in deren Anstieg auf. Offensichtlich wird nach Sattler und Mitarbeitern [3] in diesem Gebiet die Fadenspannung durch Relaxation abgebaut. Bei Polyesterfäden nimmt die Ausreckung allmählich ab und läßt auch für den Mengendurchsatz eine asymptotische Annäherung an einen Endzustand erwarten. Somit dürften Polyesterfäden mit 6000 m/min Spinngeschwindigkeit einigermaßen brauchbar ausgereckt sein, während Polyamidfäden eine noch höhere Spinngeschwindigkeit für den analogen Zustand benötigen. Sattler und Mitarbeiter [3] haben im Falle eines 10tex-Fadens $\left(1\,\text{tex} = \frac{1\,\text{g}}{1000\,\text{m}}\right)$ die Arbeitsproduktivität bei 4000 m/min Abzug im Vergleich zum klasischen Spinnen und Reckzwirnen für das SRW-Verfahren mit 310% und für das SSW-Verfahren mit 400% errechnet. Hinzu kommen Minderungen des Energie- und des Flächenbedarfs. Daß in diesem Zusammenhang die Qualität der Spinnschmelze und die gesamte Verfahrenstechnik vor und nach der Düse von besonderer Wichtigkeit sind, sei hier nur am Rande erwähnt (vgl. z. B. Arbeiten E. Muschelknautz und N. Rink [4]). Für das

SRW-Verfahren hat die Textima auf der Leipziger Herbstmesse 1976 erstmalig ihre Spinn-Reck-Winde-Maschine, Modell 2039, ausgestellt, die Aufwindegeschwindigkeiten von 1000 bis 4000 m/min ermöglicht (Abb. 4). Hinzu kommt, daß wesentlich größere Spulkörper (bis 24 kg) als bisher hergestellt werden können. In Abb. 5 sind Fadenführungen für das SRW- und das SSW-Verfahren der Fa. Barmag zu sehen, wobei noch auf das Mehrfachspinnen und auf den automatischen Spulenwechsel hinzuweisen ist. Entscheidend für diese Entwicklungen

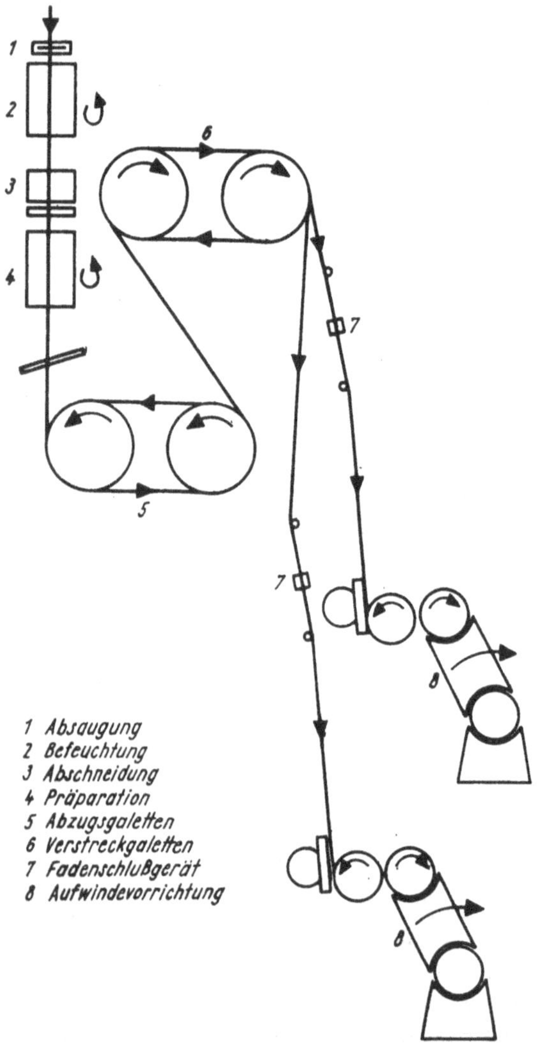

Abb. 4 Prinzip der Spinn-Reck-Winde-Maschine, Modell 2039, der VVB Textima

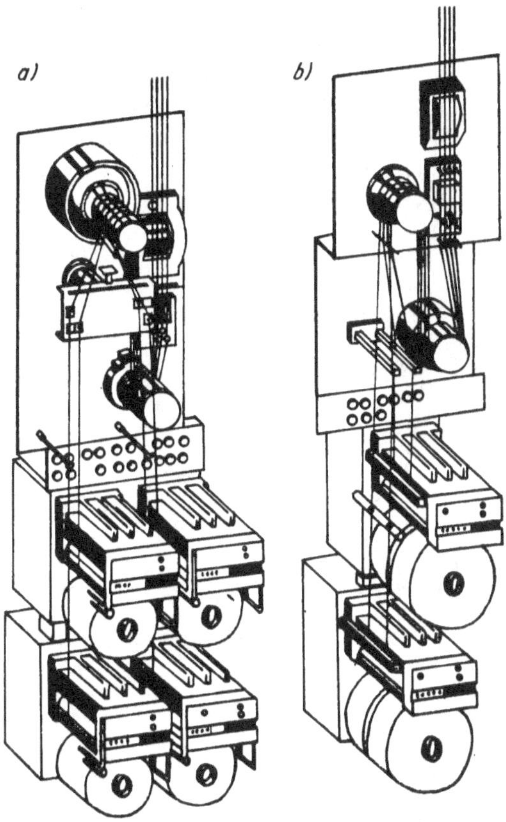

Abb. 5 Spinnreckwinde- und Schnellspinnmaschinen der Fa. Barmag AG
a) Spinnstreckmaschine, Type SW4S b) Schnellspinnmaschine, Type SW4SLD

waren in erster Linie die Schnellwickler, die 1975 noch mit 4000 m/min und derzeit — insbesondere für Laboranlagen — bereits mit 6000 m/min und mehr angeboten werden. Ohne auf Einzelheiten dieser mit statischen Frequenzumformern arbeitenden Schnellwickler einzugehen, sei nur erwähnt, daß deren empfindlichstes Verschleißelement der Schnellspulfadenführer ist, bei dem es an den Umkehrpunkten beim Aufwinden zu beträchtlichen mechanischen Belastungen kommt, vom Verschleiß ganz abgesehen. Abb. 6 zeigt nach Untersuchungen von Sturhahn und Thamerus [5] Fadenführerplättchen und die dazugehörigen Biegefestigkeiten, die als Bruchkraft entlang der Symmetrieachse ermittelt wurden. Bei diesen Vergleichsversuchen kamen gesinterte Aluminiumoxide und Zirkonoxide zur Anwendung.

Prozeß-Stufen-Kopplungen und Geschwindigkeitssteigerungen verlangen eine besonders hohe Verfahrenszuverlässigkeit, um nicht der erreichten Produktivitätssteigerung verlustig zu gehen. Abb. 7 zeigt nach R. BARTHEL und Mitarbeitern [6] eine Prinzipskizze zur Prozeßstufenkopplung *S*pinnen-*R*ecken-*T*exturieren. Im Fall 1 sind *S*, *R* und *T*, was z. Z. angestrebt wird, technologisch und maschinentechnisch voll integriert, so daß sich aus der multiplikativen Kopplung der fadenbruchbedingten Einzelwirkungsgrade im Vergleich zu den anderen Varianten — insbesondere der nur additiven Kopplung beim klassischen Verfahrensweg im Fall 2 — der ungünstigste Gesamtwirkungsgrad ergibt.

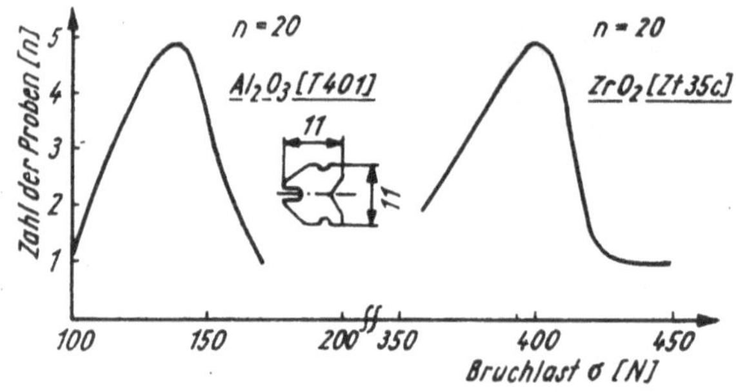

Abb. 6 Biegefestigkeitsuntersuchungen an Fadenführerplättchen aus Al_2O_3 und ZrO_2 [5]

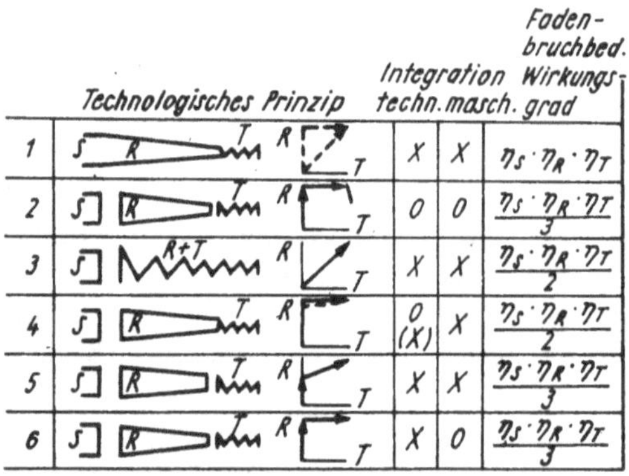

Abb. 7 Prinzipielle Möglichkeiten der Prozeßstufenkopplung Spinnen-Recken-Texturieren [6]

R = Recken T = Texturieren S = Spinnen

η_S = fadenbruchbedingter Wirkungsgrad beim Spinnen

η_R = fadenbruchbedingter Wirkungsgrad beim Recken

η_T = fadenbruchbedingter Wirkungsgrad beim Texturieren

Texturieren von Syntheseseiden

Wie bereits erwähnt wurde, dient das Texturieren einem bleibendem Aufbauschen der glatten Syntheseseiden. Damit verbunden ist z. T. eine beträchtliche Erhöhung der Dehnbarkeit, was vom gewählten Texturierverfahren abhängt. Es sind zahlreiche Texturierverfahren entwickelt worden, auf die hier nur z. T. eingegangen werden kann. Zu etwa 80% der Weltproduktion von Texturseiden findet jedoch das Falschdrahtverfahren in mehreren Varianten Anwendung. Viele dieser Verfahren werden heute bereits in Verbindung mit der prozeßstufeneinsparenden Reckung bzw. Teilreckung (Abb. 2) durchgeführt. Dabei kennt man — insbesondere beim Falschdrahtverfahren — das Ein- oder Zweistufen-Verfahren (Abb. 8). Das Einstufenverfahren (auch Simultanverfahren genannt) ist nur beim Falschdrahtverfahren verwendbar, das Zweistufenverfahren (auch Sequenzverfahren genannt) kann auch in Verbindung mit anderen Texturierverfahren genutzt werden.

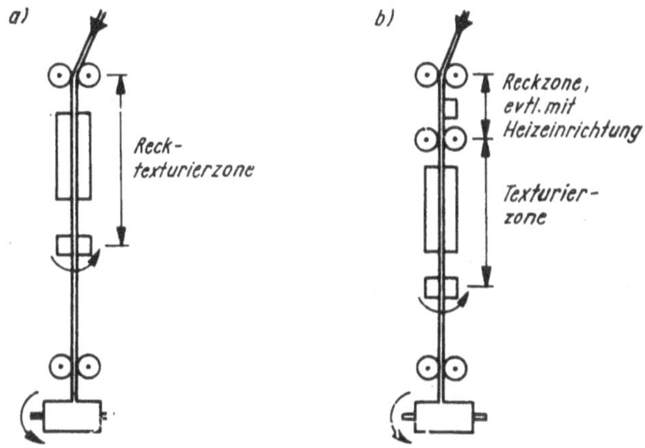

Abb. 8 Kombinationen von Recken und Texturieren
a) Simultanverfahren b) Sequenzverfahren

Das Prinzip des *Falschdrahtverfahrens* beruht nach Abb. 9 darauf, daß in der Zone a vor der drehungsgebenden Spindel (Drehrohr) die durchlaufende Syntheseseide auf 2000—4000 Drehungen/m hochgedreht wird und der nun erreichte Lagezustand der Elementarfäden durch Hitzeeinwirkung (z. B. 180—230 °C) und anschließende Abkühlung unter den Umwandlungspunkt 2. Ordnung des Fadenmaterials fixiert werden muß. In der Zone b ist anfangs auch Fadendrehung vorhanden, die aber schnell abgebaut wird [7]. Wenn danach im Faden je Spindelumdrehung 1 Rechtsdrehung in Zone a erzeugt wird und 1 Drehung durch die Spindel in Zone b gelangt, erhält diese Linksdrehung, wodurch die ursprüngliche Drehung im Faden aufgehoben wird, aber im Fadenmaterial ein latenter Spannungszustand zurückbleibt. Da der Faden nur vorübergehend die hohe Drehung (auch Draht genannt) enthält, kam es zur Bezeichnung „Falschdraht-verfahren“.

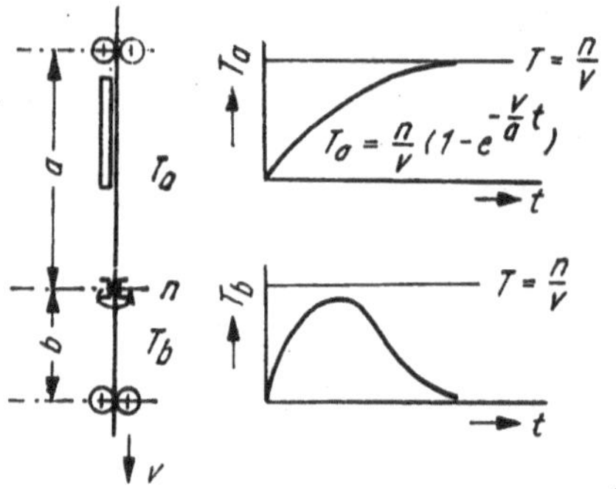

Abb. 9 Zeitliche Änderung der Drehung T_a in der Zone a vor der Spindel und der Drehung T_b nach der Spindel (nach H. W. Krause [7])

v = Geschwindigkeit
n = Spindelumdrehungen/min
T_a = Drehungen in der Zone a
T_b = Drehungen in der Zone b

Der in der Seide nun latent vorhandene Spannungszustand bzw. Kräuselungseffekt läßt sich durch Wärme- bzw. Dampfeinwirkung auslösen, was zu dem gewünschtem Bauscheffekt führt. Dieses einfach erscheinende Prinzip beinhaltet allerdings zahlreiche technologische Probleme, wenn ein Faden mit hoher Bauschqualität erhalten werden soll, worauf hier aber nicht eingegangen werden kann.

Eines der wichtigsten Maschinenelemente des Falschdraht-Verfahrens ist das Drallorgan. Im Falle von quasi-formschlüssigen Verfahren (bezogen auf den Antrieb) verwendet man heute Magnetspindeln mit im Drehrohr zentrisch oder exzentrisch angeordnetem Drallgeber (Diabolo-Form). Abb. 10 zeigt ein modernes Drehrohr der Fa. Heberlein AG [8], das durch ein Magnetsystem gegen Antriebs- und Stützrollen gepreßt wird. Auf den Rollenachsen befinden sich Wirtel, die durch einen umlaufenden Tangentialriemen angetrieben werden. Das Übersetzungsverhältnis zwischen Antriebsrollen und Drehrohr liegt zwischen etwa 1 : 15 bis 1 : 25. Auf diese Weise erreicht man heute 800000 U/min und eine Fadendurchlaufgeschwindigkeit bis zu etwa 350 m/min. Wie Abb. 10 noch erkennen läßt, entwickelt sich am Drehrohr durch Rotor und Drallgeber Wärme, und zwar infolge magnetischer Wirbelströme und Fadenreibung. Durch lamellierte Ausführung des Rotors, optimale Werkstoffnutzung und optimale Formgebung läßt sich die Wärmeentwicklung minimieren.

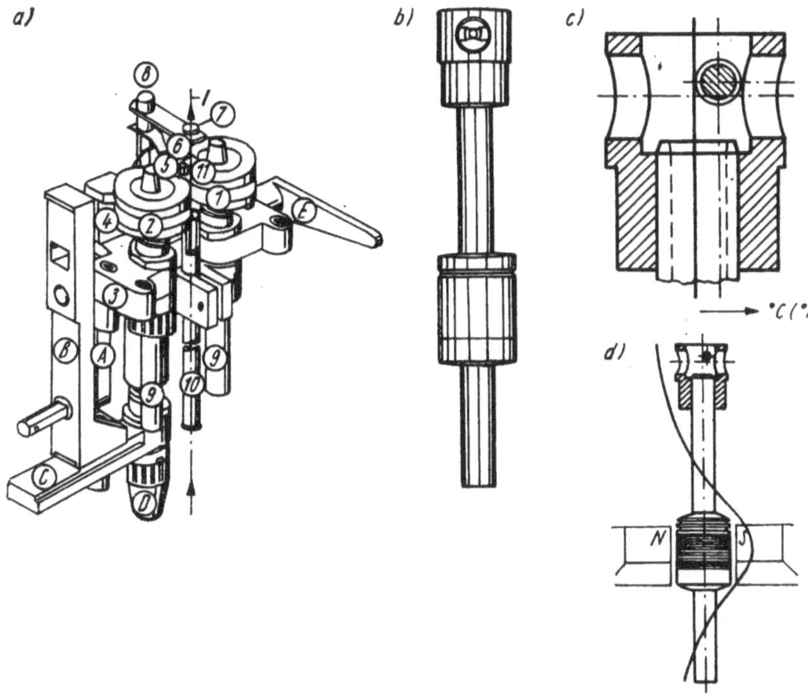

Abb. 10 Magnetspindelaggregat (HE-Q-MA der Fa. HEBERLEIN AG)

a) Aufbau und Funktion
b) HE-Q-MA-Drehrohr
c) exzentrische Anordnung des Drallstiftes
d) Temperaturprofil des Drehrohrs

Reibung und Verschleiß können beim Magnetspindel-Verfahren großen Einfluß auf die Gleichmäßigkeit der Bauschstruktur nehmen. Das beginnt bereits mit dem Antrieb der etwa 200 Spindeln/Maschine durch den umlaufenden Tangentialriemen. Dieser besteht aus einer Schichtkomposition, bei der sich im Kern eine hochfeste Polyamidschicht befindet, die von Chromleder ummantelt ist und eine möglichst schlupffreie Drehung am Wirtel der Spindelaggregate garantieren soll. Die Antriebs- und Stützrollen für die Mitnahme des Drehrohres bestehen aus Metall, das mit einer möglichst verschleißfesten Reibschicht aus Polyurethan versehen ist. Das Drehrohr ist aus Hartmetall gefertigt und kann bei zu starker Abnutzung der Polyurethanschicht eine Lage- und Anpreßveränderung erfahren, was bereits Einfluß auf den Fadendurchlauf und damit auf den Bauschausfall mit sich bringen kann.

Der im Drehrohr befindliche und meist in Diaboloform geschliffene Reibstift bzw. Drallgeber muß besonders hohe Biege- (bes. beim Simultanverfahren und bei Fadenspannungsspitzen während eines Knotendurchlaufs!) und Verschleißfestigkeitswerte aufweisen. Die Drallgeber haben minimale Durchmesser von etwa 0.5—0.8 mm und Längen von 2 ... 3 mm. Die Lebensdaueranforderungen liegen bei über 4 Monaten Dauerbetrieb. Je nach Fadenmaterial, -feinheit, -präparation, gewünschtem Texturierungscharakter, Fadenspannung usw. gelangen unterschiedliche Werkstoffe und Schliffe zur Anwendung. Im Angebot befinden sich folgende Werkstoffe:

Normal-Saphir

— preisgünstigste Variante, aber etwas bruchempfindlicher als Spezial-Saphir

Spezial-Saphir

— mit besonderer kristallographischer Orientierung

Atomar dotierte Saphire (WEKA-SIT violett)

— optimale Verschleißeigenschaften

Oxidkeramiken (Al_2O_3, TiO_2)

— für Spezialfälle, z. B. querschnittsprofilierte oder mattierte bzw. spinngefärbte Seiden, die extreme Verschleißfestigkeit erforderlich machen

Porzellan	700 kp/mm
Glas	700 kp/mm
gehärteter Stahl	850 kp/mm
Titanoxid	1000 kp/mm
Aluminiumoxid	2300 kp/mm
SPK23-Feldmühle	
Saphir (abhängig von	2100—2400 kp/mm
Kristall-Orientierung	

Abb. 11 Vickershärten verschiedener Fadenführer-Materialien

In diesem Zusammenhang ist Abb. 11 von Interesse [9], die nach einer Firmenangabe die Vickershärten für verschiedene Fadenführer-Materialien, zu denen auch der Drallgeberstift gehört, enthält. Einer älteren Arbeit von O. Becker (Abb. 12) ist das Verschleißverhalten verschiedener Fadenführerwerkstoffe gegenüber mattierter Polyesterseide entnommen [10].

Beide Tabellen beweisen nachhaltig, daß die synthetischen Faserstoffe — insbesondere bei steigender Fadenlaufgeschwindigkeit — in Zukunft beachtlich verschleißfestere Werkstoffe benötigen, die in Saphiren bzw. Oxidkeramiken gesehen werden.

Werkstoff	Oberfläche	Verschleißverhalten (kmp/mm^3)	
Leichtmetall	gezogen	15—25	
Leichtmetall	durnicoat	30—45	
Leichtmetall	hartcoat	80—130	
C-Stahl	weich	250	
Leg. Stahl	Hartchrom	360	
Leg. Stahl	hart, angelassen	700—1600	
Leg. Stahl	hart	1800	
Achat	poliert	6000	Schätzung
Widia	gesintert	18 000	Schätzung
Saphir	natur	900 000	Schätzung
Oxidkeramik	gesintert	nicht angebbar	—

*) Untersucht mit Polyester-Seide 45/20 den matt, bei 300 m/min Fadengeschwindigkeit und 15—20 p Zugkraftdifferenzen

Abb. 12 Verschleißverhalten verschiedener Fadenführer-Materialien mit unterschiedlichen Oberflächen* [10]

Besondere Bedeutung kommt dem Schliff der Drall- bzw. Reibstifte zu, der mit Diamantpulver der Körnung 3 bis etwa 30 µm erfolgt. Ist der Schliff zu fein, kann es zu ungenügender Reibung und damit zu „Drallschlupf" (später geschlossene Stellen im Faden) bzw. ungenügendem Drallstau kommen. Bei zu grobem Schliff besteht die Gefahr, daß Elementarfadenschädigung auftritt und es zur Flusenbildung kommt. Abb. 13 zeigt für Drallgeber-Oberflächen unterschiedliche Rauhigkeitsgrade (Rt) und Rauhtiefen (Ra). Dabei ist es wichtig, daß die Sinteroxidteilchen keine scharfen Kanten enthalten und das Reibverhalten sich nicht verändert, auch nicht durch Ablagerungen des Fadens [5].

Die Werkstoff-Fragen sind nur ein Teil der Probleme, einige weitere dieses Verfahrens sind:

- Texturiermaschine arbeitet mit zu hohen Phonzahlen und bewirkt erschwerte Arbeitsbedingungen.
- Die Heizeinrichtungen verschmutzen bzw. verkoken, wenn ölartige Fadenpräparationen verdampfen.
- Die Produktionsgeschwindigkeit dürfte nahezu ihre verfahrensbedingte obere Grenze erreicht haben.
- Fadenspannungen, Temperatur im Heizrohr usw. müssen an den z. B. 200 Arbeitsstellen einer Maschine absolut konstant sein und übereinstimmen, was laufend automatische Situationskontrollen und Nachregulierungen erforderlich macht.

Nur wenn diese und noch andere Parameter übereinstimmen, erhält man gleichartigen Bausch und dann im Flächengebilde (Gewebe oder Maschenware) ein gleichmäßiges Warenbild und gleichmäßige Anfärbung.

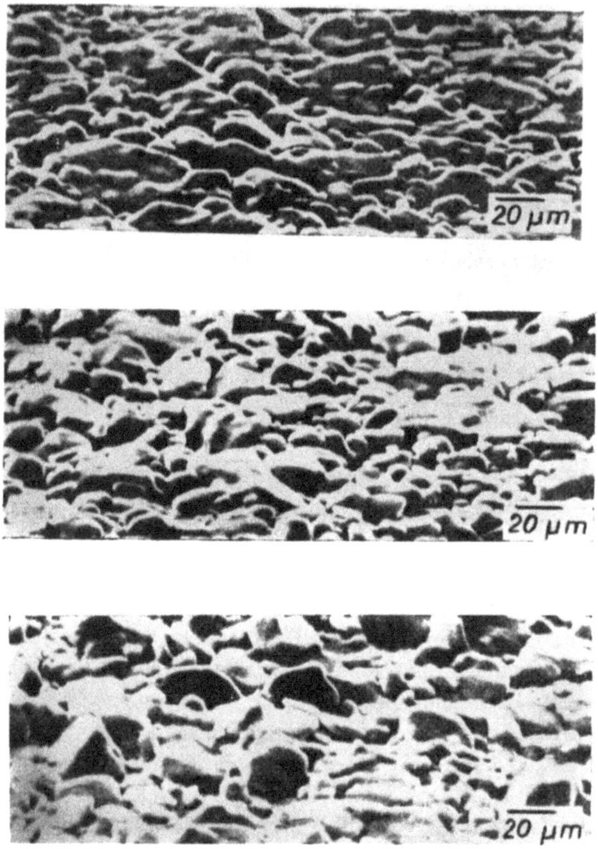

Abb. 13 Drallgeberoberflächen aus Sinteroxidkeramiken unterschiedlicher Rauhigkeitsgrade (Rt) und Rauhtiefen (Ra) [5]

a) Oberfläche für Drallgeber, Ra $\sim$ 0,8 µm Rt $\sim$ 8 µm
b) Oberfläche für Drallgeber, Ra $\sim$ 2 µm Rt $\sim$ 15 µm
c) Oberfläche für Drallgeber, Ra $\sim$ 5 µm Rt $\sim$ 24 µm

Schwierigkeiten können sich aber auch durch die Beschaffenheit der angelieferten Fäden einstellen. Vor allem sollen die Fäden möglichst gleichen Lieferungen (Chargen) entstammen und gleichartig und gleichlang gelagert sein. Anderenfalls können sich z. B. an Polyamidfäden unterschiedliche Feuchtegehalte, Präparationsveränderungen, Veränderungen von physikalischen Eigenschaften usw. einstellen.

Da mit Magnetspindeln Produktionsgeschwindigkeiten von 300 ... 400 m/min kaum zu überschreiten sind, ist man dabei zu versuchen, von der quasi-formschlüssigen zur *kraftschlüssigen* Texturierung überzugehen. Dazu finden im Austausch mit der Magnetspindel *Friktionsspindeln* Anwendung, die mit einem Übersetzungsverhältnis von etwa 1 : 300 bis 1 : 500 (theoretischer Wert; praktisch werden infolge Schlupf nur etwa 2/3 erreicht) dem Faden mittels Reibungsschluß unmittelbar Drehung erteilen. Bisher sind hauptsächlich folgende Aggregate bekanntgeworden:

1. Rotierende Hohlzylinder, bei denen der Faden an den Friktionsflächen innen anliegt und etwa 400 m/min erreicht (Abb. 14). Anwendung dieser Innenfriktion hauptsächlich für Feinstrumpfseiden.

2. Rotierende Friktionsscheibenspindeln (Abb. 15), wobei die Fadenmitnahme dadurch erfolgt, daß dieser an rotierenden Friktionsscheiben außen anliegend vorbeiläuft. Die Außenfriktion ermöglicht Fadenlaufgeschwindigkeiten von 600—1000 m/min.

3. Rotierende Kugel/Scheibenkombination (Twist-Master-Texturierspindel nach Fa. Heberlein AG, bei der die um eine Achse drehbare Kugel am Äquator einen Schlitz besitzt, in den eine Friktionsscheibe leicht eintaucht (Abb. 16). Der Faden wird sowohl durch die Kugel als auch durch die Friktionsscheibe mit Falschdraht

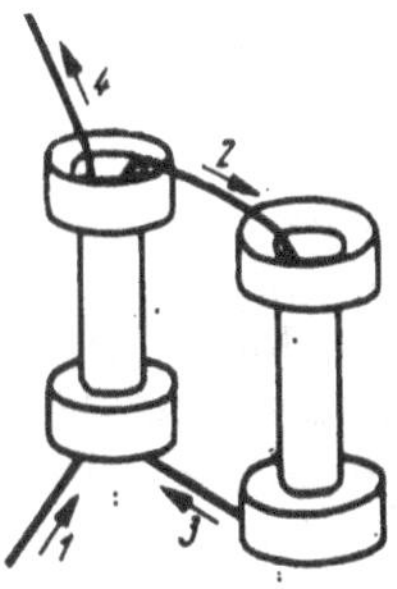

Abb. 14 Friktionsspindelhohlzylinderaggregat mit Innenfriktion

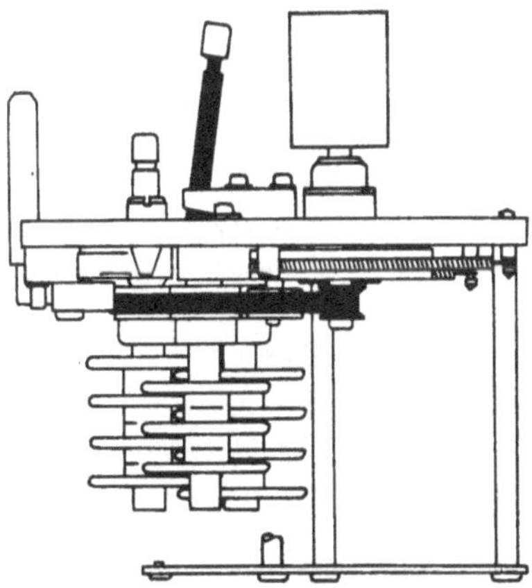

Abb. 15 Friktionsspindelscheibeaggregat mit Außenfriktion

versehen; wegen der geringeren Krümmungen und der größeren Anliegeflächen werden Vorteile für Fadenschonung und Bauschqualität erwartet. Die Fadenlaufgeschwindigkeit dürfte bei 600 m/min liegen.

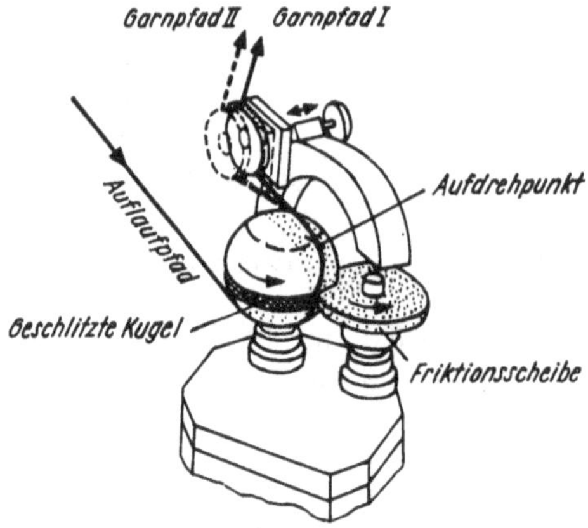

Abb. 16 Twist-Master-Texturierspindel nach Fa. HEBERLEIN AG (Kugel/Scheibenkombination)

Die Entwicklung derartiger Friktionsaggregate ist z. Z. noch stark im Fluß und es bleibt abzuwarten, ob das Magnetspindelverfahren ernsthaft zurückgedrängt werden kann. Das Hauptproblem für das kraftschlüssige Fadendrehen ist der Friktionswerkstoff, der von gleichbleibender Beschaffenheit sein muß und damit auch gleichmäßigen Schlupf ermöglicht. Dazu kommen Fragen der Fadenbeanspruchung (Temperatur, physikalische Beanspruchung) und Fadenpräparationsverhalten. Derzeit handelt es sich um folgende Friktionsmateralien:

- Polyurethan
  — besitzt gute Friktionseigenschaften, ist aber nicht hinreichend verschleißfest; dazu kommt Verschmutzungsgefahr für die Fäden durch Abrieb; billig in der Herstellung, da spritzbar. Anwendung derzeit in den oben genannten Fällen 1 bis 3.
- Polyurethan, verstärkt
  — Verstärkung durch Einlagerung von Oxidkügelchen, Whisker u. a. Material ist verschleißfester, aber nicht mehr spritzbar.
- Keramiknutzung (Al_2O_3)
  — plasma- oder flammgespritzt auf Aluminiumreibscheiben. Die erhaltenen Schichten müssen hinreichend gleichmäßig beschaffen sein; die Oberflächen müssen nachgeschliffen werden, was besondere Erfahrungen erfordert.
- Sinterwerkstoffe
  (Al_2O_3, ZrO_2)
  — Ausgefeilte Herstellungstechnologie (Vollkeramik-Ausführung; wichtig sind Spannungs- und Verzugsfreiheit sowie Rundlaufeigenschaften).

Die Vorteile der Keramik-Werkstoffe werden in folgendem gesehen:

- unempfindlich gegen chemische Substanzen,
- praktisch keine Abnutzung,
- temperaturunempfindlich,
- sehr hoher Härtegrad, d. h. der Faden kann Friktionsfläche nicht einschneiden oder beschädigen,
- keine klimatisch bedingte Alterung,
- Selbstreinigung, d. h. keine Ablagerungen auf den Friktionsflächen,
- gute Reproduzierbarkeit, insbesondere bei Verwendung von Vollkeramik (gegenüber mit Keramik verkleideten Metallscheiben).

Wichtig ist auch hier die spezielle Schliffgestaltung. Da der Reibwert in Fadenlaufrichtung möglichst klein, tangential dagegen möglichst groß sein muß (hohes Torsionsmoment), werden z. B. in die Ränder der einander überlappenden Friktionsscheiben Profilrillen eingeschliffen bzw. einpoliert.

Im Experimentalstadium sollen sich folgende Werkstoffkombinationen befinden:

- Al_2O_3-Teilchen (200 µm ϕ) mit einem Füllgrad von 60 ... 70% in Epoxidharz eingebettet (Feldmühle AG),
- Nickelscheiben mit eingebettetem Diamantstaub (Kugelfischer AG).

Es bleibt abzuwarten, ob die Friktionswerkstoffprobleme so gelöst werden können, daß es zu einer ausgereiften und hochproduktiven Texturiertechnologie kommt.

Wie schon erwähnt wurde, spielen die *Hilfsmittel* — hier in Form der Fadenpräparationen — auch bei der Texturierung eine entscheidende Rolle. Dabei handelt es sich um Schmiermittel, die das Gleiten des Fadens optimal steuern. Bedeutsam sind dabei geeignete Emulgatoren für die Fettbestandteile, die Benetzbarkeit und die spätere Präparationsauswaschbarkeit.

An speziellen Eigenschaften werden häufig noch gefordert: Ausreichender Fadenschluß, antistatisches Verhalten und Korrosionsschutz. In technologischer Hinsicht sind folgende Forderungen wichtig:

- Keine Verschmutzung der Heizaggregate,
- keine Fett- oder Ölkondensation,
- konstante und optimale Faden-Spannungs-(Reib-)Verhälnisse am Drallgeber,
- niedrige Fadenbruchzahl,
- Unterdrückung des „Ausblühens“ von Oligomeren,
- verschleißhemmende Eigenschaften.

Was die übrigen Texturierungsverfahren anbelangt, so bleibt nach wie vor das *Stauchkräusel-Texturieren* für Syntheseseiden, wie es z. B. bei uns an Grobseiden mittels des Dedotexverfahrens der Textima praktiziert wird, interessant, obwohl der Bauschcharakter ein unregelmäßigerer ist und die Fadendehnbarkeit wenig beeinflußt wird. Bild 17 zeigt einen SUPER SPEED CRIMPER (Fa. SAHM) mit einstellbarer Kräusel-Voluminösität von 5 ... 45% mit ±1% Gleichmäßigkeit des Kräuselvolumens innerhalb einer Partie mit einer Texturiergeschwindigkeit von 1000 m/min.

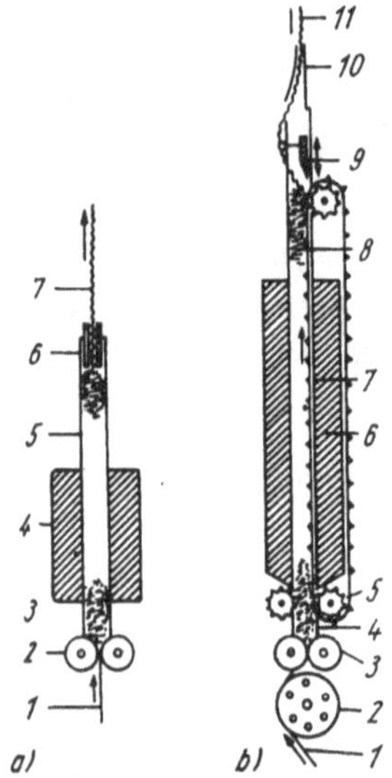

Abb. 17 Stauchkräuselverfahren (Konventionell u. Super Speed Crimper nach Fa. SAHM)

a) Konventionelles Stauchkräuselverfahren
   1 Glatte Syntheseseide
   2 Förderwalzen
   3 Stauchkräuselkammer
   4 Heizung
   5 Kühlung
   6 Gegengewicht
   7 Stauchgekräuselte Syntheseseide

b) Super Speed Crimper
   1 Glatte Syntheseseide
   2 Schlitztrommel zur Fadenverlegung
   3 Förderwalzen
   4 Stauchkräuselzone
   5 Stauchkräusel-Steuerräder
   6 Heizung (Thermo-Fixierzone)
   7 Fadentransportband
   8 Kühlzone
   9 Synchronisier-Vorrichtung
   10 Ausgangsfadenspanner
   11 Stauchgekräuselte Syntheseseide

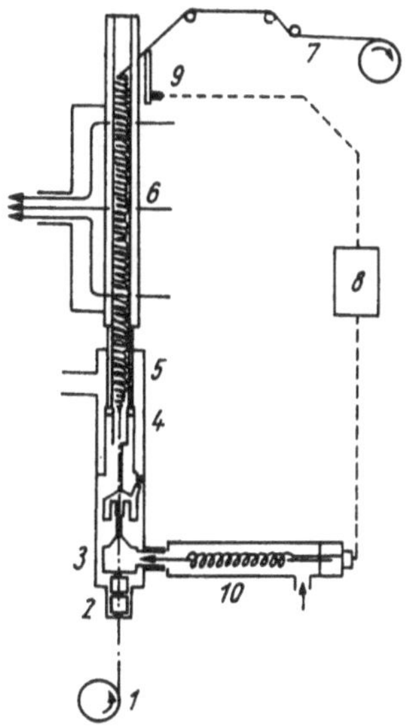

Abb. 18 Düsenkräuselverfahren nach J. HEATHCOAT u. Co. Ltd.

1 Speisewalze für Syntheseseide
2 Eingangsdüse
3 Eintritt des Flüssigkeitsstromes, durch welchen die Syntheseseide mitgerissen und plastifiziert wird
4 Durch Behandlungsmedien wird das texturierte Material aus dem Düsenbereich geführt
5 Bildung des Fadenpfropfens, während Behandlungsmedien durch Schlitze im Pfropfentopf entweichen
6 Der Fadenpfropfen bewegt sich unter dem Flüssigkeitsdruck stetig aufwärts und wird dabei durch einen seitlichen Luftstrom abgekühlt
7 Abzug und Aufwickeln der gekräuselten Syntheseseide
8 Steueraggregat
9 Kontrollgerät
10 Heizeinrichtung

Bedeutsam ist auch ein Düsenkräuselverfahren (Abb. 18) der Fa. HEATHCOAT, bei dem der Faden von einem heißen Flüssigkeitsstrom in ein Rohr mitgerissen und zu einem Fadenpfropfen zusammengepreßt wird und damit bleibende Stauchkräuselung erhält. Es werden Geschwindigkeiten bis zu 4000 m/min angegeben.

Faserverarbeitung

Auch die Garnherstellung aus Natur- und Chemiefasern hat in den letzten Jahren einen beträchtlichen Fortschritt zu verzeichnen. Dabei geht es einerseits um Prozeßstufeneinsparungen in der Vorspinnerei (Abb. 19), andererseits um hochpro-

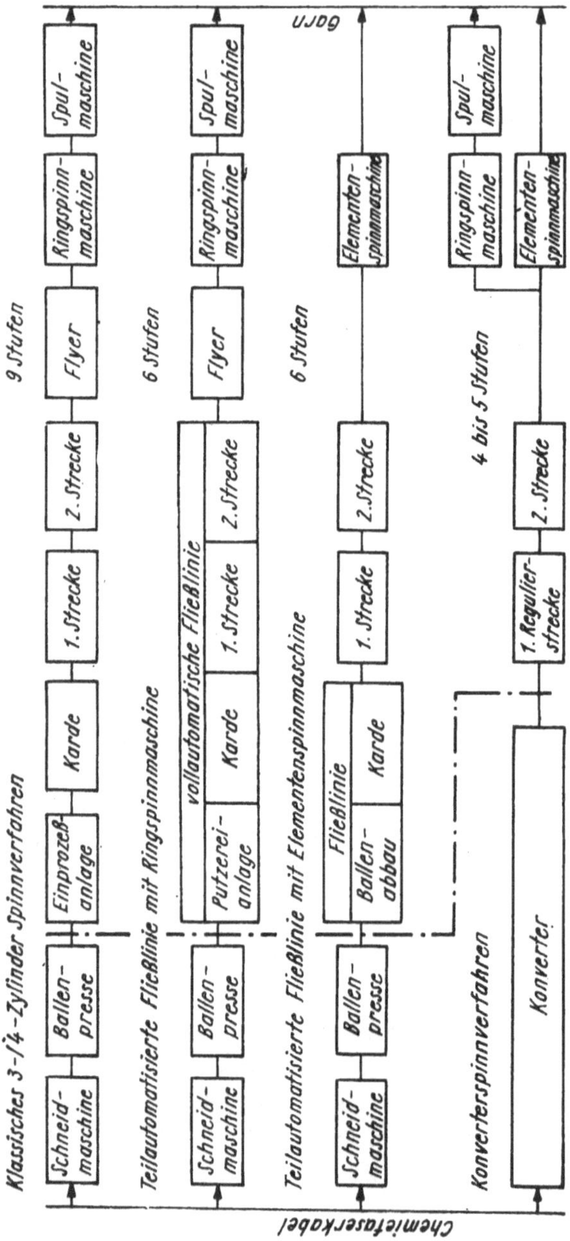

Abb. 19 Prozeßstufen verschiedener Garnbildungsverfahren
—·—·— Nahtstelle zwischen Chemiefaserstoff- und Textilindustrie

duktivere Maschinen mit z. T. völlig neuen Prinzipien [11]. Letzteres bezieht sich ganz besonders auf die Spinnmaschinen, die nachfolgend betrachtet werden sollen.

In Abb. 20 ist das konventionelle Ringspinnverfahren dem seit etwa 10 Jahren beträchtlich an Bedeutung gewinnenden Rotorspinnverfahren (auch als Open-End-Spinnverfahren bezeichnet) gegenübergestellt.

Das *Ringspinnverfahren* hat leistungsmäßig nahezu seine werkstoffbedingte Grenze erreicht. Es geht hier um das Zusammenwirken von Faden/Ringläufer/Ring. Die maximale Läufergeschwindigkeit konnte von 25 m/s auf etwa 35—40 m/s (= 140 km/h) durch geschickte Werkstoffpaarung heraufgesetzt werden (Abb. 21), womit — je nach Garndrehung — heute normalerweise Fadenlaufgeschwindigkeiten von 10—20—30 m/min gegeben sind [12].

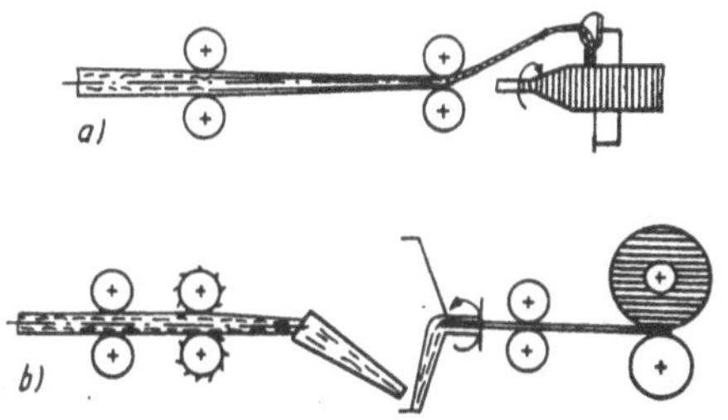

Abb. 20 Schematische Darstellung der Drahtgebung und Aufwindung beim Ringspinnen (a) und beim Rotorspinnen (b).

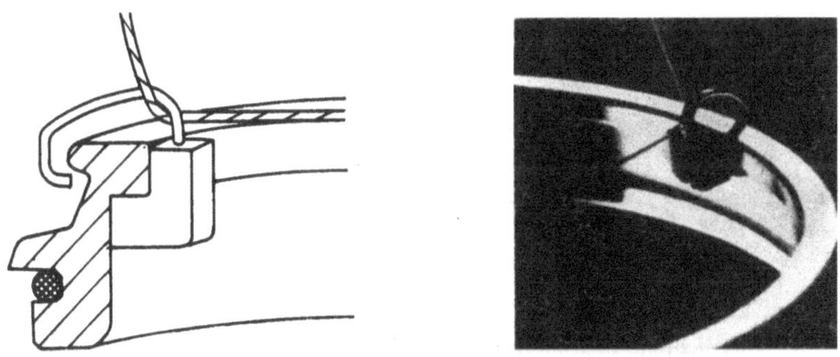

Abb. 21 Sintermetall-Spinnring und Ringläufer mit Polyamid-Fuß

Es wurden unzählige Ringarten und Läufer entwickelt, wobei es darauf ankam, bei höchster Läufergeschwindigkeit Läufer- und Ringverschleiß zu minimieren und dafür Sorge zu tragen, daß der Läufer einen stabilen Lauf aufweist (kein Kippen und Flattern, und Garne aus synthetischen Fasern nicht durch zu hohe Reibungswärme geschädigt werden. Die Vielzahl von Garnsortimenten bedingt auch eine Vielzahl von Ringen und Läufern. Die erforderlichen Gleiteigenschaften hängen von der Materialzusammensetzung, dem Härtegrad von Ring und Läufer, deren Formgebungen und von den Schmierhilfsmitteln ab. Ohne auf die zahlreichen Varianten einzugehen soll hier nur die Paarung Sintermetallring mit Polyamidläufern erwähnt werden. Die durch Pressen und Sintern von Stahlpulver erhaltenen porösen Ringe lassen sich in drei Hauptgruppen einteilen, nämlich in solche mit feiner, mittlerer und großer Porosität. Die Sinterringe sind mit Öl imprägniert. Die beim Spinnen entstehende Reibungswärme bewirkt eine Volumenerweiterung des Öls, das aus den Poren austritt und die Lauffläche schmiert; hinzu kommt die Saugwirkung des umlaufenden Läufers. Beim Erkalten zieht sich das Öl in den Sinterring zurück. Diese Schmierungsart ist sehr wirksam und sauber und gestattet auch höhere Läufergeschwindigkeiten. Im Falle der Anwendung von Polyamidläufern sind die mittel- und großporigen Sinterringe zu verwenden. Gegenüber Metall-Läufern ergeben sich folgende Vorteile: Universellere Anwendung bei weniger Nummernstufen, höhere Geschwindigkeit, mechanisch und akustisch ruhigerer Lauf, gleichmäßigere Fadenspannung, kaum garnverschmutzender Läuferabrieb, sparsamer Schmiermittelverbrauch. Die Reimprägnierung der Sintermetallringe erfolgt nach etwa 5000 Stunden; es gibt aber auch Ringe. die über eingebaute Dochte (Rundumdochte) Frischölzuführung erhalten.

Die Standzeiten von Ringläufern vor allem gegenüber synthetischen Faserstoffen werden von vielen Faktoren beeinflußt. Grundsätzlich greifen Polyestergarne stärker an als solche aus Polyamidfaserstoffen. Bei mattierten und auch gefärbten Fäden ist verständlicherweise der Verschleiß noch größer. Von der Fa. Bräcker werden folgende Standzeiten für synthetische Seiden bei hohen Laufgeschwindigkeiten angegeben [13]:

Fadencharakter	Standzeiten (Stunden) für Läufer aus	
	Stahl	Polyamid (Nylon CPH)
ultramatt	—	30—60
matt	10—20	100—150
halbmatt	20—40	150—300
glänzend	40—60	300—500

Es kommt bei dieser Gegenüberstellung weniger auf die absoluten Zahlen an, sondern auf die Unterschiede zwischen Stahl- und Polyamid-Läufern.

Ganz anders liegen die Verhältnisse beim Rotorspinnen. Derartige Maschinen haben sich innerhalb von 10 Jahren eine sehr zukunftsträchtige Position erkämpft und entsprechen auch rein äußerlich (Abb. 22) viel besser dem modernen Maschinentrend als die Ringspinnmaschinen. Die Produktivität liegt um das 3 bis 6fache höher als bei Ringspinnmaschinen; es werden nahezu 150 m/min erreicht.

Wie Abb. 23 erkennen läßt, wird das zugeführte Faserband durch eine Auflösewalze in Einzelfasern zerlegt, die hierbei von Schmutzteilchen gereinigt und

Abb. 22 Teilansicht einer Turbinenspinnmaschine BD 200 R (ČSSR)

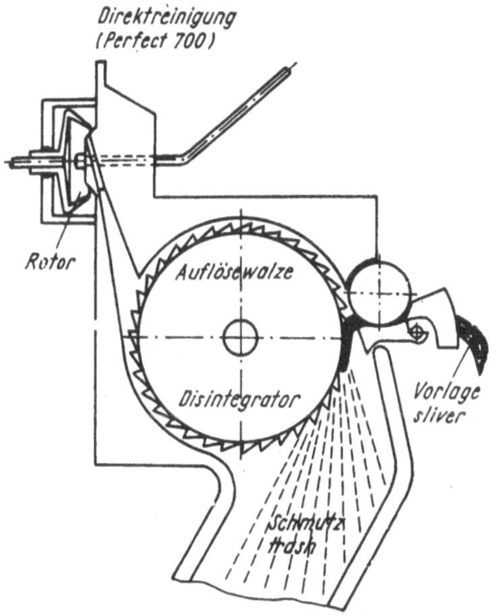

Abb. 23 Prinzip einer Rotorspinnmaschine mit Direktreinigung (Perfect 700, Fa. Krupp)

pneumatisch über einen Kanal dem Rotor (40—60—100 000 U/min) zugeführt, zu einem Faden geformt und gedreht und mittels Abzugsdüse und Abzugsrohr dem Rotor entnommen und einem Spulenwickelorgan zugeführt werden. Technisch sind sehr hohe Rotorzahlen möglich, wobei allerdings der Energiebedarf beträchtlich ansteigt (Abb. 24) und bei höchsten Touren Temperaturen von fast 100 °C auftreten können [14]. Eine Rotoreinkapselung mindert die Luftreibung und spart z. B. bei 90 000 U/min 50 W ein. Normalerweise begnügt man sich deshalb mit 30 000—60 000 U/min.

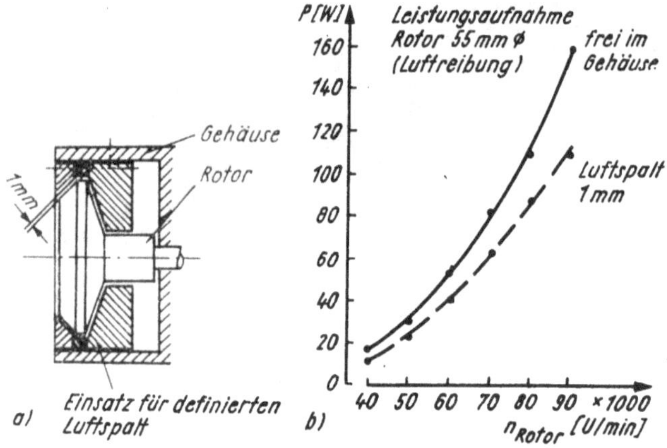

Abb. 24 Rotorumkapselung und deren Auswirkung auf Leistungsaufnahme (Verminderung der Luftreibung) [14]

a) Konstruktive Ausführungen der Rotorumkapselung
b) Leistungsaufnahme infolge der Luftreibung

Kritisch sind bei diesem eleganten Verfahren die Werkstoff-Probleme. Abb. 25 zeigt die Verschleißbereiche in Rotorspinnmaschinen [15], die zumeist aus Porzellan bzw. Glas (Fadenleitorgane), metallischen Teilen (Fadenwächter, Abzugsrohr, Abzugsdüse, Rotor, Faserkanal, Auflösewalze) und Leichtmetall-Gußgehäusen (Kammer der Auflösewalze) bestehen. Die Baumwollverarbeitung ist hierbei meist am problemlosesten, sofern kein hoher Verunreinigungsgrad vorliegt. Dagegen benötigen Mischgarne aus Baumwolle und Synthesefasern und erst recht reine Synthesefasergarne beständigere Werkstoffe. Deshalb ist man z. Z. bemüht, verschleißfeste Keramikteile zu entwickeln und einzusetzen. Wichtig ist dabei, die optimale Glätte (z. B. für das Abzugsrohr) aufzufinden und die Kosten in ausreichenden Grenzen zu halten.

In der Literatur wird die Ansicht vertreten, daß die derzeit hohen Reparatur- und Instandsetzungskosten an den Rotorspinnmaschinen den Einsatz verschleißfester Sinteroxide rechtfertigen, die kostenmäßig weniger als ein Drittel der Reparaturkosten pro Jahr ausmachen sollen [16].

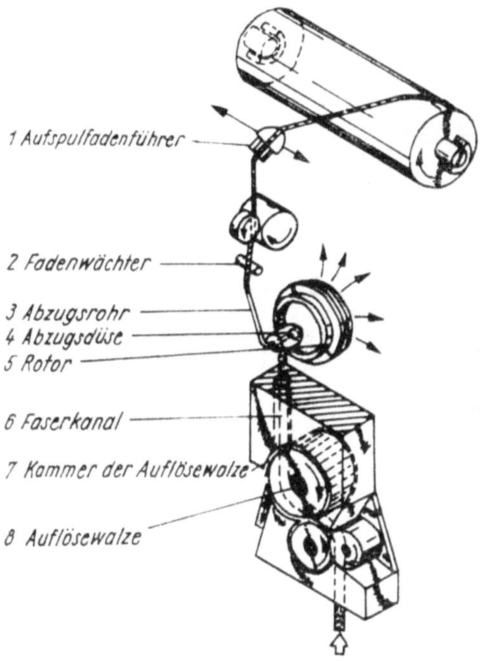

Abb. 25 Werkstoffverschleißbereiche an einer Turbinenspinnmaschine

Auch dieses Beispiel spricht für die Wichtigkeit des Auffindens neuer Paarungen zwischen synthetischen Faserstoffen und Werkstoffen und macht es erforderlich, daß man sich auch in der DDR wesentlich mehr mit Sinteroxiden als zukunftsträchtigem Werkstoff befassen sollte als bisher.

Während das Rotorspinnverfahren dabei ist, sich weitere Garnfeinheitsbereiche zu erobern und vor allem die Anwendbarkeit auf Synthesefasern auszuweiten und zu festigen, hat für grobe Garne (z. B. 50—3000 tex) die Firma Dr. Ernst Fehrer, Linz/Österreich, ein Open-End-Spinnverfahren, System DREF, entwickelt und erstmalig in der Welt auf der Leipziger Herbstmesse 1976 ausgestellt. Wie Abb. 26 erkennen läßt, werden die von einem Faserband angelieferten Fasern ebenfalls vereinzelt, dabei von Unreinigkeiten gesäubert und in die Berührungszone von zwei sich gleichsinnig drehenden und perforierten Spinntrommeln geblasen und gesaugt. Hier werden die Fasern einer Drehung unterworfen und innerhalb der Walzen-Berührungszone seitlich als fertiges Garn abgezogen. Die Produktivitätssteigerung gegenüber konventionellen Verfahren auf 100—200 m/min ist beträchtlich. Soweit es derzeit überschaubar ist, hat das neue Verfahren weniger Werkstoffprobleme als z. B. das Streichgarnverfahren, das einen großen Bedarf an technischen Ledern bzw. analogen Werkstoffen aufweist

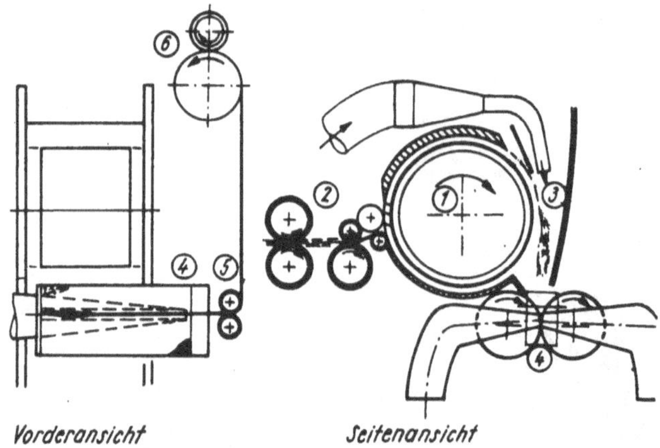

Abb. 26 Garnbildungsprinzip beim DREF-Verfahren
1 Kardentrommel
2 Einzugssystem
3 Luftstrom
4 Spinntrommeln
5 Abzugswalzen
6 Kreuzspule

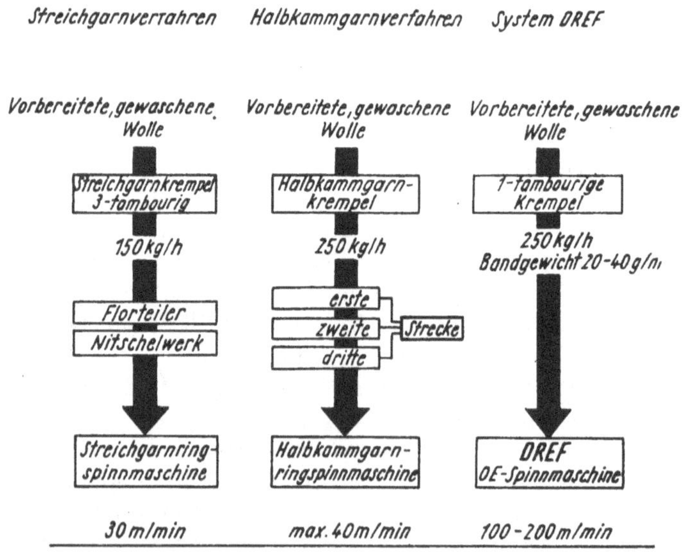

Abb. 27 Prozeßstufen- und Geschwindigkeitsvergleich des DREF-Verfahrens mit dem Streichgarn- und Halbkammgarnverfahren

Polnische Maschinenbauer versuchen ein dem Rotorverfahren analoges Spinnverfahren rein pneumatisch zu betreiben, das etwa 200 m/min Produktionsgeschwindigkeit erreichen dürfte und auf hochbeanspruchte Maschinenteile verzichten kann. Die Fadenbildung (Abb. 28) erfolgt hier durch Luftwirbelung in einer Wirbelkammer. Mit Hilfe einer genau dosierten Luftführung wird hier erreicht, daß sich die Fasern in einer bestimmten Zone zu einem rotierenden Ring zusammenfinden. Ein von oben eingeführtes Fadenende verbindet sich mit dem Ring und zieht kontinuierlich das gedrehte Garn aus dem Faserring nach oben ab. Es bleibt abzuwarten, ob Betriebssicherheit und Fadengleichmäßigkeit industriellen Erwartungen gewachsen sind (Maschine in Mailand mit 192 Spinnstellen!).

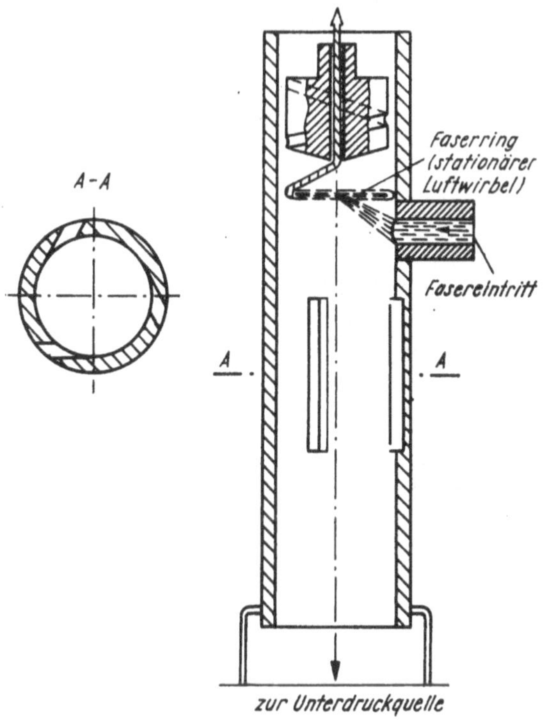

Abb. 28 Prinzip des polnischen pneumatischen OE-Spinnverfahrens

Garne ohne Drehung versucht man heute nach Klebeverfahren zu erzeugen, wobei man anfangs Kartoffelstärke verwendete. Neuerdings mischt man in der Vorspinnerei dem Faserband 5 bis 10% spezielle wasserlösliche Polyvinylalkoholfasern als Kleber bei. Durch Befeuchtung des Faserbandes vor dem Streckwerk wird der Verklebungsprozeß ausgelöst (Abb. 29). Auf diese Wiese kann man mit Geschwindigkeiten bis zu 400 m/min arbeiten.

An der Spitze der Produktionsgeschwindigkeit mit etwa 600 m/min steht aber derzeit das Bobtex-Verfahren (Abb. 30), das zwar faserige Fäden liefert, aber eigentlich Verbundfäden aus Seide und Fasern erzeugt. Bei diesem Verfahren wird z. B. Polyesterseide (sogar Glasseide findet Anwendung) mit einer klebenden Polymerschicht versehen, auf die man in geeigneter Weise Fasern aufbringt.

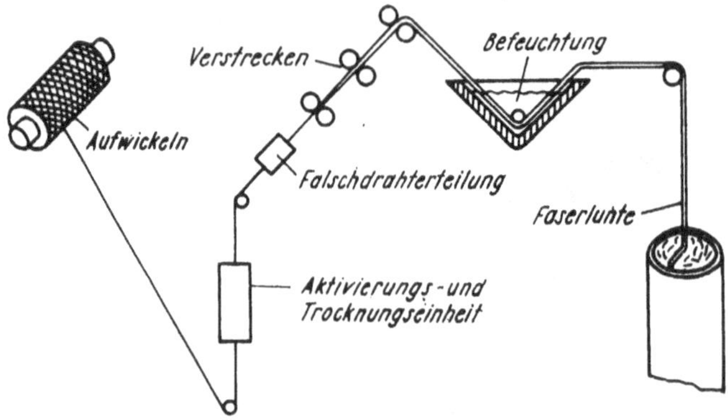

Abb. 29 Prinzip des TWILO-Spinnverfahrens mit verklebenden Polyninylalkohol-Fasern

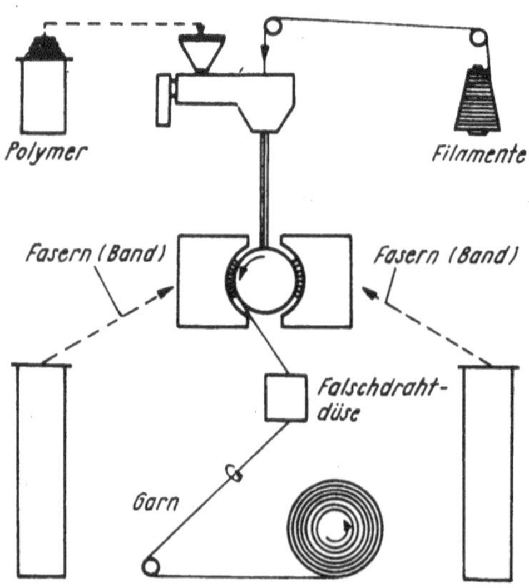

Abb. 30 Physikalische Eigenschaften wichtiger Fadenführermaterialien [17]

Daraus hergestellte Gewebe wirken etwas steif; sicher sind hier noch über Nachbehandlungsverfahren Verbesserungen möglich. Bestechend sind bei diesem Verfahren die großen Variationsmöglichkeiten.

Schlußfolgerungen

Bei der Herstellung und Verarbeitung von textilen Faserstoffen sind durch Fortschritte in der Verfahrensentwicklung und im Anlagen- und textilen Maschinenbau beträchtliche Produktivitätssteigerungen gerade in den zurückliegenden Jahren ermöglicht worden. Analoge Beispiele ließen sich in großer Anzahl auch für die Herstellung textiler Flächengebilde, deren Veredlung und auch Konfektionierung anführen.

Diese Fortschritte waren nur möglich, weil solche auch vorliegen bezüglich der Faserstoffeigenschaften, der Werkstoffe, des allgemeinen Maschinenbaus, der Elektrotechnik/Elektronik, der BMSR-Technik, der Hilfsmittel mannigfaltiger Art usw. Dazu kam das komplexe Arbeiten in Forschung und Entwicklung, das eine präzise Organisation voraussetzt. Auch hier sind beträchtliche Fortschritte und Arbeitserleichterungen vielfältiger Art vorhanden.

Damit diese neuen Verfahren und Maschinen voll genutzt werden können und Produkte mit hoher Qualität erhalten werden, muß das Personal besonders gewissenhaft eingearbeitet sein und das technologische Regime exakt eingehalten werden. Nachlässigkeiten wirken sich sonst wesentlich nachteiliger hinsichtlich Qualität und Produktivität aus als bei den klassischen Verfahren. Mit den neuen produktiveren Verfahren kann es aber auch anfangs zu Qualitätsminderungen oder Eigenschaftsveränderungen kommen, die im Nachgang zu beheben sind. Man sollte dann prüfen, ob unter dem Aspekt „so gut wie nötig" verfahren werden kann und nicht Eigenschaftsveränderungen sogar qualitativ von Vorteil sind (z. B. Garne nach dem klassischen Ringspinnverfahren oder nach dem wesentlich produktiveren Rotorspinnverfahren). Daß durch Prozeßanalysen und Verbesserung des technologischen Regimes auch mit älteren Anlagen und Maschinen Steigerungen von Qualität und Produktivität möglich und auch notwendig sind, darf bei allem Interesse für neue Verfahren und Maschinen nicht außer acht bleiben. Die Intensivierung der Produktion ist nach wie vor eine sichere Möglichkeit, besser voranzukommen, was von neuen Verfahren und neuen Maschinen in vielen Fällen mit gleicher Sicherheit nicht gesagt werden kann. Es ist daher notwendig, in solchen Fällen sehr gewissenhaft das Für und Wider im Interesse der Risikominderung zu untersuchen.

Da vorstehende Ausführungen insbesondere mit Werkstoffproblemen verbunden waren, sei abschließend auf Abb. 31 verwiesen, die nach einer Zusammenstellung von U. Dworak [17] die wichtigsten physikalischen Eigenschaften für besonders verschleißfeste Materialien enthält. Es erscheint — wie schon gesagt — notwendig, daß wir uns in der DDR mit diesen Werkstoffen mehr als bisher befassen sollten.

Werkstoff	Sinterkorund	Zirkonoxid	Saphir
Zusammensetzung	Al_2O_3	ZrO_2	Al_2O_3
Farbe	weiß/rubin-rot	gelb	transparent
Dichte (g/cm³)	3,92	5,75–5,80	3,99
Porosität (%)	1,5	< 1,5	–
Wasseraufnahme (%)	0	0	0
Vickershärte (N/mm²) Prüflast 2N	23 000	15 000–20 000	21 000–25 000
Druckfestigkeit (N/mm²)	4 000	1850	3500
Bruchfestigkeit (N/mm²)	400	300–600	800
lineare Wärmedehnung 20–1000 °C (10^{-6} °C^{-1})	7,9	9,2	6,7–7,9
Wärmeleitfähigkeit cal/cm sec. °C	0,083	0,0065	0,09
Rauhigkeit Ra-Wert			
natürl. Oberfläche	0,55 ± 50	0,45 ± 20	–
polierte Oberfläche	0,15 ± 50	< 0,08	< 0,05

Abb. 31 Physikalische Eigenschaften der wichtigsten Fadenführermaterialien

Literatur

[1] Boberh, W., K.-H. Banke: Wie geht es in der Textilindustrie weiter? Technik 29 (1974), S. 303–308.

[2] Lünenschloss, J.: Die Strecktexturierung, Stand und Entwicklung, Chemief./Textil-Ind. 1973, H. 11, S. 1067–1080.

[3] Sattler, W., H. Dawczynski, W. Weiss, H. Henkel, R. Wagner, H. Dittmann: Untersuchungen zum Fadenbildungsprozeß von Polyamidseide bei hohen Spinngeschwindigkeiten. Faserforschung und Textiltechnik 27 (1976), S. 327–331.

[4] Muschelknautz E., N. Rink: Verfahrenstechnische Probleme bei der Herstellung von Chemiefasern. Chemie Ing. Technik 48 (1976), H. 6, S. 503–513.

[5] Sturhahn M. H., G. Thamerus: Oxidische Sinterwerkstoffe für moderne Textilmaschinen. Vortrag zum Textil-Colloquium der Fa. Feldmühle AG. 4./5. 11. 1974.

[6] Barthel, R., H. Hofmann, R Beyreuther: Über eine Möglichkeit zur Reduzierung der Fadenbruchhäufigkeit bei der Chemieseidenverarbeitung. Faserforschung und Textiltechn. 25 (1974) S. 325–332.

[7] Krause H. W.: Mechanik der Torsionskräuselung. Textil-Veredlung 5 (1970), S. 643–647 (vgl. auch B. Wulfhorst, Intern. Textil-Bulletin/Strickerei/Wirkerei/Konfektion, 1973, H. 3, S. 193–206).

Titanoxid	Hartmetall	Porzellan glasiert	Stahl gehärtet	Metall Keramik beschichtet
TiO_2	WC, TiC, Co	Mehrstoffsysteme		
elfenbein/ blauschwarz	grau	weiß	metallisch grau	dunkelgrau
4,10	8–15	2,3–2,6	7,8	–
1,5	–	–	–	–2,0
0	0	0	0	–
12 500	16 000	ca. 7000	ca. 8000	–
700–1500	4000	400–450	2000	–
180	900–1200	40–70	1000	–
8,5	5–8	3,5–5,5	12	–
0,02	0,05–0,18	0,003–0,004	0,11	–
0,5 ± 50	–	0,17	0,46	3 ±50
0,15 ± 50	< 0-08	–	< 0,08	–0,6 ± 50

[8] Heberlein-Bulletin, ITMA-Sonderausgabe 1975.

[9] Internationales Textil-Bulletin/Spinnerei, 1975, H. 3, S. 441.

[10] Becker, O.: Untersuchungen über Verschleißerscheinungen an Fadenführern. Melliand Textilber. 52 (1971), S. 640–651.

[11] Bobeth, W.: Probleme der Textiltechnologie Deutsche Textiltechnik 21 (1971), S. 552–560.

[12] Chemiefasern/textil-ind. 1975, H. 9, S. 834.

[13] Fuchs, H.: Ringe und Läufer in Spinnerei und Zwirnerei. Teil 2/Intern. Textil-Bulletin/Spinnerei, 1973, H. 3, S. 235–336.

[14] Artzt, P., A. Bausch: Rotordrehzahl und Energiebedarf. Textil-Praxis 30 (1975), S. 677.

[15] Sturhahn, H. H., J. Finsterbusch, P. Artzt: Einsatz verschleißfester Sinteroxide in der Rotorspinnmaschine. Textil-Praxis 30 (1975), H. 9, S. 1136–1139.

[16] Herold, H.: Rationelle Rotorgarnerzeugung und -verwendung. Textil-Praxis 31 (1976), H. 9, S. 963–970.

[17] Dworak, U.: Werkstoffeigenschaften von Aluminiumoxid-Fadenleitorganen im Vergleich zu anderen Werkstoffen. Vortrag zum Textil-Colloquium der Fa. Feldmühle AG, 4./5. 11. 1974.